Con algoritmos y a lo loco

Matemáticas
Divulgación

Biografía

Clara Grima Ruiz es doctora en Matemáticas y profesora titular de Matemática Aplicada en la Universidad de Sevilla. Ejerce, además, una intensa labor de divulgación de las matemáticas, para todos los públicos desde casi cualquier medio disponible: *blogs*, redes sociales, conferencias, libros, talleres, radio, televisión, teatro... Aún no se ha atrevido con el musical, pero no lo descarta.
Por su labor divulgadora ha recibido numerosos premios y reconocimientos como la Medalla de la Real Sociedad Matemática Española en 2024. Está convencida de que a todo el mundo le gustan las matemáticas, aunque es posible que algunos aún no lo sepan.

Clara Grima

Con algoritmos y a lo loco

Porque no son tan malos como parecen

Ariel

Obra editada en colaboración con Editorial Planeta – España

Bajo el sello editorial BOOKET PAIDÓS M.R.
Avenida Presidente Masaryk núm. 111,
Piso 2, Polanco V Sección, Miguel Hidalgo
C.P. 11560, Ciudad de México
www.planetadelibros.com.mx
www.paidos.com.mx

Primera edición impresa en España: junio de 2025
ISBN: 978-84-344-3898-9

Primera edición impresa en México en Booket: mayo de 2026
ISBN: 978-607-639-244-7

Impreso en los talleres de Litográfica Ingramex, S.A. de C.V.
Centeno núm. 162-1, colonia Granjas Esmeralda, Ciudad de México
Impreso en México - *Printed in Mexico*

A mi Tata, mi Tato, mi Zoña, mi Bibi y mi Rocío.
Mis cinco puntos cardinales, las cinco puntas de mi estrella,
mis cinco hermanos. Mi refugio, mi aquelarre y mi alegría.
Os adoro.

No es el conocimiento, sino el acto de aprendizaje; y no la posesión, sino el acto de llegar a ella, lo que concede el mayor disfrute.

Carl Friedrich Gauss

Índice

Prólogo

¿El algoritmo? El algoritmo... El algoritmo huele muy bien.

Confieso que he intentado reprimirme, pero no me ha salido. Todas las veces que he empezado a escribir este prólogo me ha venido a la cabeza el chiste del amoniaco. Todavía hay antiguos compañeros y compañeras del instituto que huyen cuando me ven porque lo contaba todos los días a todas horas. Cincuenta y cuatro años tengo.

Por si no tuviste la suerte de cruzarte conmigo cuando tenía entre trece y diecisiete, el chiste iba de que le preguntaban a un estudiante (que, obviamente, no había estudiado) en la clase de química las propiedades del amoniaco y el alumno respondía: «¿El amoniaco? ¿El amoniaco? El amoniaco... El amoniaco huele muy bien». En ese momento, su profesora le ponía un frasco con amoniaco bajo la nariz, el alumno aspiraba con fuerza y decía, con los ojitos encharcaditos de lágrimas: «Vaya, pues a mí me gusta».

A mí también. A mí me gustan los algoritmos. Mucho. Me atrevo a decir que a todo el mundo le gustan, aunque algunos aún no lo sepan. Porque un algoritmo no es más que un conjunto ordenado de instrucciones para llevar a cabo una tarea específica. Por ejemplo, un algoritmo es el ritual que sigues cada mañana al levantarte y prepararte. Son los pasos que damos y el orden en el que los damos para hacer las cosas que más nos gustan. Y las que menos también. Cierra los ojos un momento y piensa cuál es tu algoritmo favorito.

El mío durante algunos años fue el de baño-cena-cuento-beso con mis dos hijos.

Este que tienes entre las manos es un libro dedicado a los algoritmos. Más aún, este libro pretende ser una apología del algoritmo. Pretende reivindicar y devolverle a la idea toda la dignidad que se merece y que nunca debe perder, por muy malo que sea el uso que algunos hagan de ellos.

La palabra «algoritmo», que se refiere a una secuencia ordenada de instrucciones para llevar a cabo una tarea específica (y algunos otros atributos que veremos en el capítulo 1), procede del nombre Muḥammad ibn Musa al-Khwarizmi, que se latinizó como Al-Juarismi. Al-Juarismi fue un matemático, astrónomo y geógrafo muy reconocido e influyente de la antigua Persia, nacido en la región de Jiva, en la actual Uzbekistán, y que vivió durante la Edad de Oro islámica, a finales del siglo VIII y principios del siglo IX. Entre otras obras, escribió un libro muy influyente titulado *Al-Kitab al-Mukhtasar fi Hisab al-Jabr wa al-Muqabala* [Compendio de cálculo por reintegración y comparación], abreviado como *Al-Jabr*, que básicamente sentó las bases del álgebra. De hecho, la misma palabra «álgebra» procede de ese término en árabe, *al-Jabr*. Fue también pionero describiendo métodos sistemáticos para resolver problemas numéricos. ¿A qué te suena esto? Efectivamente, a un algoritmo. Y eso es. Por eso los algoritmos se llaman así, en honor a Muḥammad ibn Musa al-Khwarizmi, Al-Juarismi. Sin duda, la obra de Al-Juarismi tuvo un impacto profundo y trascendente en el desarrollo de las matemáticas y las ciencias en Europa. Sus libros, traducidos al latín, fueron textos fundamentales en las universidades europeas durante siglos. Si pasas por la Universidad Complutense de Madrid podrás contemplar un busto suyo, realizado por el escultor uzbeko Zhasvant Annazarov, que se instaló en diciembre de 2020 en la Plaza de Ciencias, entre las Facultades de Ciencias Físicas y Químicas.

¿Qué vas a encontrarte en este libro? Nueve capítulos hablando de distintos algoritmos y sus aplicaciones, en tono informal, y con el principal objetivo de que pases un buen rato aprendiendo o recordando cositas de matemáticas. No es un libro de texto, no es exhaustivo, es riguroso (eso siempre) y espero que resulte agradable y entretenido. En pocas palabras, me he sentado a escribir como si te tuviera enfrente, tomando un café o una infusión, y yo, de pronto, recordara la importancia de los algoritmos en algún momento de la historia o en alguna de las aplicaciones actuales de los mismos.

El título del libro, como supones, es un guiño a la película de Billy Wilder, *Con faldas y a lo loco.* ¿Por qué? Por seguir la línea cinematográfica de mis dos libros anteriores con Ariel: *Que las matemáticas te acompañen* y *En busca del grafo perdido.* Y porque, sí, es verdad, aunque yo venga aquí a defender con uñas y teclas los algoritmos, su belleza y su importancia en nuestras vidas, hay algunos que en estos años nos llevan como pollos sin cabeza, a lo loco.

Los títulos de los capítulos son también, como los de *En busca del grafo perdido,* los títulos de nueve películas clásicas que Raquel Gu, que es la artista que ilustra este libro, ha elegido cuando yo le he explicado de qué iba cada capítulo.

Empezamos con *Sopa de ganso* (Leo McCarey, 1933), aunque el título del capítulo 1 es un poco más largo. En este capítulo se introduce el concepto de algoritmo y se analizan algunos aspectos importantes a tener en cuenta a la hora de comparar algunos algoritmos con otros. Como no me he podido aguantar las ganas de hacer la analogía entre un algoritmo y una receta de cocina, la imagen de la olla llena de gansos del cartel de la película nos pareció bastante sugerente.

Seguimos con *Cleopatra* (J. Gordon Edwards, 1917) en un capítulo dedicado, principalmente, a algoritmos de la antigua Grecia, con muchos de sus protagonistas naturales de Alejandría, como nuestra astuta reina de Egipto.

Luego nos embarcamos en un *Viaje a la Luna* (Georges Méliès, 1902) para conocer el algoritmo que permitió encontrar la órbita de un planeta escurridizo y descubrir a algunas mujeres matemáticas que nos llevaron al espacio.

Regresamos a la Tierra con *Cantando bajo la lluvia* (Stanley Donen, 1952) para cantar las merecidas alabanzas al matemático francés que nos regaló el Auto-Tune y, posiblemente, el algoritmo más importante de nuestras vidas. Sí, de la tuya también.

Nos asomaremos a *La ventana indiscreta* (Alfred Hitchcock, 1954) para descubrir las matemáticas que hacen posible que subamos vídeos a TikTok, detectar falsificaciones de pinturas, escuchar al universo y diagnosticar mediante imagen médica.

Nos iremos de viaje como los protagonistas de *Sucedió una noche* (Frank Capra, 1934) para descubrir los algoritmos que nos ayudan a encontrar la mejor ruta. Cuando es posible, claro.

Llegaremos a *La isla de las almas perdidas* (Erle C. Kenton, 1932), donde conoceremos algoritmos que plagian a la naturaleza, a sus herramientas genéticas y a sus comportamientos de enjambres para resolver problemas muy complejos para los simples mortales.

Después volveremos con la maleta llena de secretos y mensajes codificados, *Con la muerte en los talones* (Hitchcock, 1959), escapando de espías y piratas, gracias a nuestros queridos algoritmos, claro.

Y terminaremos la fiesta con *Con faldas y a lo loco* (Billy Wilder, 1959) hablando de inteligencia artificial, para lo bueno y para lo menos bueno. Porque, como en la película de Wilder, no todo es siempre como parece. A veces no es ni peor ni mejor de lo que pensamos, solo diferente.

Espero que durante este viaje aprendas cosas que no sabías y te convenzas, si aún no lo estás, de que las matemáticas son la actividad más gratificante y sorprendente de la vida de cualquier persona. No hay nada más bonito ni nada más emocionante. Bueno, a lo mejor sí, pero muy pocas cosas son más seductoras que ellas.

Y, sobre todo, espero que disfrutes con el paseo porque he escrito este libro con ese propósito y con mucho cariño.

1

Sopa de ganso, algoritmos neperianos y otras recetas básicas

No sé si, cuando has leído el título de este primer capítulo, te has asustado, te has reído de medio lado con su pizquita de maldad o has sonreído pensando que no tengo vergüenza. O si, simplemente, no le has hecho el más mínimo caso al mismo, convencida o convencido de que, en mis libros, los títulos de los capítulos son, casi siempre, poco descriptivos.

No lo sé. Ni lo sabré, a no ser que me lo cuentes un día a través de las redes sociales. O si vienes a verme a alguna conferencia o presentación. Pero lo cierto es que, cuando he tecleado el título del capítulo (que, por supuesto, es lo primero que he escrito de este libro), me he quedado pensando en las posibles reacciones al mismo.

¿Por qué? Porque, hasta donde yo sé, con los cincuenta y cuatro años que tengo mientras escribo esto, no existe el algoritmo neperiano. Lo que sí existe (y bendito sea John Napier, viva Escocia y algunos de sus escoceses) es el logaritmo neperiano, el cual, me atrevo a afirmar sin temor a equivocarme, es una de las herramientas que más ha mejorado nuestras vidas. Pero no hemos venido a hablar de logaritmos. Por ahora.

Dicho esto, puede que, si no conoces el tema, la expresión «algoritmo neperiano» te suene a algo complicado y te hayas podido asustar. Por otra parte, si sabes que no existe tal algoritmo y te encanta descubrir las erratas en libros, puede que te hayas reído con un poco de malicia, pensando que me has pillado un fallo nada más empezar. O bien, si sabes del tema y eres consciente de que durante algún tiempo, no muy lejano, en algunos medios de comunicación era común usar la palabra «logaritmo» para referirse a un «algoritmo», has adivinado que estaba haciendo un chiste con ese hecho.

Sí, no hace muchos años, era común encontrar en los medios titulares como este de 2009, en *El País*, que me llegó a través de Miguel Ángel Morales Medina, autor del mítico blog de matemáticas *Gaussianos*: «Google crea un logaritmo para identificar a sus empleados descontentos».

El titular fue corregido enseguida, es cierto, pero no deja de ser curioso que en 2009, en un medio de la tirada del mencionado, aún no supieran diferenciar entre un algoritmo y un logaritmo.

También fue *Gaussianos*, en 2012, quien detectó que nuestro querido David Trueba mencionaba en su columna en el mismo medio, del 1 de febrero, al «secreto logaritmo de búsqueda» de Google.

Es curioso también, al menos para mí, que la palabra «algoritmo» pasara, en muy poco tiempo, de ser una desconocida para una parte importante de la sociedad (intelectuales incluidos) a ser una palabra que se puede escuchar en casi cualquier conversación. En una cafetería, en la sala de espera del centro de salud, en la peluquería, en el autobús...

Bueno, como diría el bardo de Avon, *all's well that ends well* («bien está lo que bien acaba»), ¿no? Pues no, no del todo en esta historia. Porque si bien el término «algoritmo» ha pasado del ostracismo al lenguaje coloquial, por el camino se le ha dotado de unos rasgos malignos que, en esencia, no tienen nada que ver con el significado de la palabra. A veces, me hace gracia escuchar a gente hablando de los algoritmos como si estos tuviesen vida, como si fuesen criaturas oscuras y siniestras, cual dementores en el universo de Harry Potter. Pero eso solo me ocurre algunas veces. Cada vez menos, también te digo.

Por eso tienes este libro entre las manos. Porque he decidido hacer una apología de los algoritmos, los cuales no son ni buenos ni malos: son herramientas. Herramientas que nos han ayudado, nos ayudan y nos ayudarán a mejorar nuestro mundo.

Y porque te va a encantar descubrirlos. Si no los conoces ya, claro. Si los conoces, tómate esto como un paseíto por el bulevar de los algoritmos. Un paseo que no pretende ser exhaustivo, porque será eso, un paseo, no una inspección ni una auditoría; y en los paseos nos fijamos en aquello que nos llama más la atención.

¿Qué es un algoritmo?

Vamos a empezar por definir qué es un algoritmo. Aunque, como he dicho unas líneas antes, ya todo el mundo hable de ellos, no sé si todos conocemos su definición.

Mientras que, según el diccionario de la Real Academia Española, un logaritmo es un «exponente al que es necesario elevar una cantidad positiva, llamada base, para que resulte un número determinado», un algoritmo es en su primera acepción: «Conjunto ordenado y finito de operaciones que permite hallar la solución de un problema».

Y esa es la definición con la que nos quedamos. No es que el diccionario de la RAE sea muy riguroso y actualizado con los términos matemáticos (aún no han incluido la palabra «escutoide», por ejemplo), pero esta definición de algoritmo nos sirve, para empezar.

Si te fijas en la definición anterior, verás que podría ser perfectamente la definición de una receta de cocina: conjunto ordenado y finito de operaciones que permite elaborar una determinada comida. De hecho, estoy casi segura de que, a estas alturas del siglo XXI, ya habías escuchado más de una vez esta analogía entre algoritmo y receta de cocina. No es que esté siendo muy original, lo sé. Es el ejemplo que usamos muchas profesoras y profesores de matemáticas para explicar qué es un algoritmo.

En realidad, un algoritmo debe tener algunas características más, aparte de ser ordenado y finito. En primer lugar, debe estar bien definido. Es decir, cada paso debe estar bien especificado, sin ambigüedades. Y, por supuesto, debe ser general, para poder ser aplicable a problemas similares. Un algoritmo no es un procedimiento que solo se use para resolver un único problema concreto.

Vamos a verlo con un ejemplo muy simple y cotidiano: vamos a escribir un algoritmo para lavarnos el pelo en la ducha. Lo hacemos por pasos, todo muy formal.

— Paso 1: Abrir el grifo y regular la temperatura del agua a nuestro gusto.
— Paso 2: Meterse bajo la ducha.
— Paso 3: Cerrar el grifo...

Un momento. Ese paso 2 no está, creo, bien definido. Porque no especifica que haya que mojarse el pelo. Pudiera ser que alguien se metiera bajo la ducha, con la cabeza echada hacia atrás, y no se mojara el cabello. Lo reescribimos:

— Paso 1: Abrir el grifo y regular la temperatura del agua a nuestro gusto.
— Paso 2: Mojarse todo el cabello.
— Paso 3: Cerrar el grifo.
— Paso 4: Abrir el frasco con el champú y depositar sobre la mano una cantidad de tamaño similar a una nuez.
— Paso 5: Extender el champú sobre el pelo mojado y masajearlo.
— Paso 6: Volver al paso 1.

Lo tenemos, ¿no? Es una secuencia bien definida y ordenada. Sí, pero no acaba nunca: tenemos que obligarlo a terminar. ¿Cómo? Pues depende de las veces que te suelas poner champú. Lo habitual son dos veces. Así que podemos escribirlo de la siguiente manera:

— Paso 1: Abrir el grifo y regular la temperatura del agua a nuestro gusto.
— Paso 2: Mojarse todo el cabello.
— Paso 3: Cerrar el grifo.
— Paso 4: Abrir el frasco con el champú y depositar sobre la mano una cantidad de tamaño similar a una nuez.
— Paso 5: Extender el champú sobre el pelo mojado y masajearlo.
— Paso 6: Abrir el grifo y regular la temperatura del agua a nuestro gusto.
— Paso 7: Aclarar el cabello hasta que no quede espuma.
— Paso 8: Cerrar el grifo.
— Paso 9: Abrir el frasco con el champú y depositar sobre la mano una cantidad de tamaño similar a una nuez.
— Paso 10: Extender el champú sobre el pelo mojado y masajearlo.
— Paso 11: Abrir el grifo y regular la temperatura del agua a nuestro gusto.

— Paso 12: Aclarar el cabello hasta que no quede espuma.
— Paso 13: Cerrar el grifo.
— FIN.

Con esto ya estaría. Hemos descrito de forma ordenada, clara y finita cómo lavarnos el pelo usando champú dos veces. Está bien, pero podríamos haberlo escrito de forma más compacta, usando un contador que cuente las veces que nos ponemos champú. A ese contador le llamaremos j, por lo de jabón. Y, claro, al principio será igual a 0.

— Paso 1: j = 0.
— Paso 2: Abrir el grifo y regular la temperatura del agua a nuestro gusto.
— Paso 3: Mojarse todo el cabello.
— Paso 4: Cerrar el grifo.
— Paso 5: Abrir el frasco con el champú y depositar sobre la mano una cantidad de tamaño similar a una nuez.
— Paso 6: Extender el champú sobre el pelo mojado y masajearlo.
— Paso 7: j = j + 1
— Paso 8: Abrir el grifo y regular la temperatura del agua a nuestro gusto.
— Paso 9: Aclarar el cabello hasta que no quede espuma.
— Paso 10: Cerrar el grifo.
— Paso 11: Si j<2 volver al paso 5.
— FIN.

Esta segunda escritura de nuestro algoritmo tiene otra ventaja, además de ser más compacta: si a alguien le gusta ponerse champú tres o cuatro veces, solo tiene que modificar el paso 11, indicando el número de veces que se quiere enjabonar la cabeza.

Además, de esta forma, el algoritmo es general. Sirve para que se lave el cabello casi cualquier persona, salvo excepciones. Los calvos entre otros.

Tenemos, por lo tanto, un algoritmo ordenado, finito, bien definido y general para lavarnos el pelo en la ducha. No puedo asegurarlo, porque cada uno es como es, pero posiblemente este sea el algoritmo que usamos todos para tal menester.

Lo que yo pretendía, sobre todo, era ver con un ejemplo las cuatro características que debe tener cualquier algoritmo: ordenado, finito, definido y general.

Hay otra característica de los algoritmos que, aunque no es estrictamente necesaria cumplirla, sí que es bastante conveniente: la eficiencia. Cuando se diseñan algoritmos, se trata de hacerlos eficientes, lo que significa que queremos que sean óptimos en términos de tiempo y recursos. Y a esto último, a conseguir algoritmos correctos (con las cuatro características señaladas) y eficientes, es a lo que se dedican muchas horas de investigación.

Más rápido, por favor

Tendemos a pensar que los ordenadores actuales resuelven cada problema de forma casi inmediata, que realizan cualquier cálculo instantáneamente. Pero esta idea dista de ser cierta. Aunque es indudable que la velocidad de un simple portátil (incluso de un móvil) actual resultaba casi impensable hace unas cuantas décadas, hay que tener cuidado al encomendarle una tarea, puesto que puede que, si no somos cuidadosos, se sobrepase el tiempo del que disponemos para obtener una respuesta.

Voy a tratar de ilustrarlo con un ejemplo que, creo, es fácil de entender.

Vamos a pensar que somos los encargados de diseñar las rutas de una empresa de paquetería y queremos calcular el recorrido óptimo, el más corto posible, para hacer entregas de los paquetes en cinco direcciones distintas.

Una forma de dilucidar dicho recorrido sería, si conocemos el tiempo que tardamos entre cada par de puntos, calcular el tiempo total para cada ordenación distinta de los cinco puntos y quedarnos con el mejor de dichos tiempos.

Si tenemos que entregar paquetes en las direcciones **D1**, **D2**, **D3**, **D4** y **D5** saliendo y volviendo a nuestro almacén **A**, un posible recorrido sería el que nos define la ordenación (**D1**, **D2**, **D3**, **D4**, **D5**), es decir: **A-D1-D2-D3-D4-D5-A**. La longitud de este recorrido sería (si llamamos *d(P,Q)* a la distancia entre los puntos *P* y *Q*):

d(A, D1) + d(D1, D2) + d(D2, D3) + d(D3, D4) + d(D4, D5) + d(D5, A)

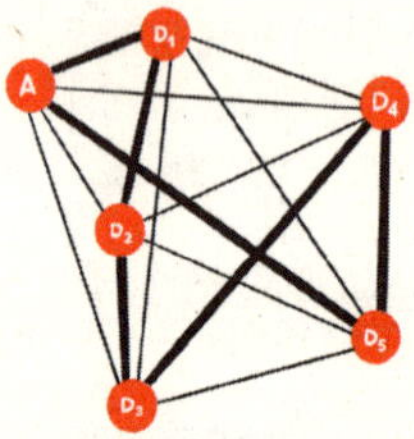

Otro recorrido posible sería, por ejemplo, el correspondiente a la ordenación (**D2**, **D4**, **D5**, **D1**, **D3**), es decir: **A-D2-D4-D5-D1-D3-A**. Este segundo recorrido tendría de longitud:

d(A, D2) + d(D2, D4) + d(D4, D5) + d(D5, D1) + d(D1, D3) + d(D3, A)

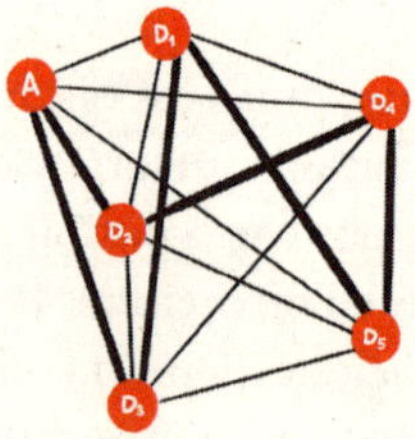

Evidentemente, siguiendo esta estrategia encontraremos la ruta óptima, puesto que estaríamos examinando todas las posibles y no son tantas. Concretamente, si comenzamos y terminamos siempre en el mismo punto (nuestro almacén **A**) cada una de las posibles ordenaciones de los otros cinco puntos nos dará una ruta. ¿Cuántas ordenaciones distintas son posibles? Al número de ordenaciones posibles se le conoce como «permutaciones de cinco elementos» y es **5 × 4 × 3 × 2 = 120** posibles rutas (lo que las matemáticas y los matemáticos escribimos como **5!** y leemos como **factorial de 5**). Y es cierto que cualquier ordenador realiza ya hoy en día los cálculos necesarios para resolver este problema en casi un instante, en un tiempo que no percibimos con los sentidos humanos. En este caso, necesitamos sumar seis cantidades para cada ruta y realizar comparaciones, así que el número total de operaciones no llega ni a mil. Pero si nuestra ruta pasa por un número mayor de puntos la cosa varía. Incluso si despreciamos (cosa que es peligrosa) el número de operaciones que necesitamos para calcular el tiempo de cada ruta, el número de posibles rutas puede ser muy grande, realmente grande, enorme. Por ejemplo, supongamos que tenemos que visitar 33 puntos, 33 direcciones, desde nuestro almacén. En ese caso, el número de posibles rutas es 33!, es decir, **33 × 32 × 31 × 30 × ... × 3 × 2**.

Puestos a suponer, supongamos que tenemos a nuestra disposición el ordenador más potente del momento, uno que realiza más de 1.000.000.000.000.000.000 operaciones por segundo, y supongamos que calcula el tiempo de cada ruta en una operación (en realidad, sabemos que son bastantes más, aproximadamente una operación por cada punto a visitar). Pues aun así necesitaríamos un tiempo de veinte. Alguien dirá que veinte no es tanto, pero es que no he dicho las unidades. ¿Por qué apostarías? ¿Veinte segundos? ¿Veinte minutos? ¿Veinte horas? Desde luego, si se trata de este último caso, veinte horas, puede no ser viable este método, ya que cada día nuestra flota estaría inmovilizada durante esas horas hasta que decidamos qué ruta asignar a cada vehículo. Pero no es el caso, no son veinte horas, sino algo peor, y tampoco son días o años o siglos, sino la edad del universo. Con el computador más rápido de la actualidad necesitaríamos veinte veces la edad del universo para realizar esos cálculos. Nuestra empresa de transporte se iría a la quiebra. Parece evidente que nuestro algoritmo de analizar todas las rutas posibles es una mijita lento, poco eficiente. Más adelante, en este libro, veremos cómo encontrar una buena solución en tiempo razonable.

Pero sigamos por ahora con este ejemplo. En él hay unas cuantas ideas que son fundamentales, aunque obvias. En primer lugar, los ordenadores no son todopoderosos, no realizan sus cálculos al instante. Y en segundo lugar, y en ello nos vamos a concentrar a continuación, no es lo mismo realizar una tarea para 5 puntos que para 33: el tamaño del problema (de lo que llamamos la entrada del algoritmo) importa. Si juntamos estas dos ideas llegamos a la conclusión de que no vale resolver un problema de cualquier forma, sino que hemos de intentar que el algoritmo que diseñemos sea lo más eficiente posible. Y esto se traduce en que realice el mínimo número de operaciones posibles. Si para resolver un problema diseñamos diferentes algoritmos que lo resuelvan, al comparar dos de estos algoritmos nos quedaremos con el que sea más rápido, es decir, con el que realice menos operaciones para una entrada de tamaño dado.

Voy a tratar de ilustrarlo con otro ejemplo. Nos dan una lista de números y nos piden que la ordenemos de menor a mayor. Como ya sabemos por el ejemplo de las rutas, esta es una tarea que dependerá de la cantidad de números que nos den: cuanto más grande sea la lista, más operaciones necesitaremos. Pero también dependerá del método que diseñemos para ordenarla. Por ejemplo, podemos dar todas las permutaciones posibles (todas las ordenaciones) de los números de la lista, como hemos hecho antes, y ver cuál de ellas es en la que aparecen todos los números ordenados.

Pero ya sabemos que, salvo que la lista tenga muy pocos números, este método, al que llamaremos algoritmo $\mathbf{A}_1$, es inviable. Así que hemos de intentar buscar una idea mejor.

Algo simple, pero que funciona bien, es tomar los dos primeros números de la lista y ordenarlos, y después comparar el tercero con el primero y el segundo para determinar su posición, y lo mismo con el cuarto, etcétera.

Por ejemplo, si nos dan la lista {4,1,5,2,3} comenzamos comparando el 4 con el 1.

¿Es 4 menor que 1? Como la respuesta es no, intercambiamos sus posiciones. Así, estos dos quedarían ya ordenados: {1,4}

Ahora es el momento de colocar al 5 en su sitio.

¿Es 5 menor que 1? No. El 5 se coloca después del 1 y nos queda {1,5,4}. ¿Hemos terminado de colocar el 5? No, tenemos que compararlo con el número a su derecha. ¿Es 5 menor que 4? No. Los intercambiamos y llegamos a {1,4,5}, paso final por ahora porque no quedan números a la derecha del 5.

Es el turno del 2. ¿Es 2 menor que 1? No. Luego el 2 entra en la lista después del 1: {1,2,4,5} ¿Hemos terminado de colocar el 2? No, tenemos que compararlo con el número a su derecha. ¿Es 2 menor que 4? Sí. Ea, pues ya está bien colocado.

Nos falta colocar el 3 en la lista. ¿Es 3 menor que 1? No. Lo ponemos después del 1: {1,3,2,4,5} ¿Hemos terminado de colocar el 3? No, tenemos que compararlo con el número a su derecha. ¿Es 3 menor que 2? No, los intercambiamos: {1,2,3,4,5}. ¿Hemos terminado de colocar el 3? No, tenemos que compararlo con el número a su derecha. ¿Es 3 menor que 4? Sí. Hala, ya hemos terminado.

Este método, o algoritmo $\mathbf{A}_2$, para una lista con cinco números en vez de necesitar **5!** operaciones, realiza, como máximo, en el caso más desordenado, $\mathbf{5^2}$ operaciones. Lo cual es mucho, pero también es muchísimo mejor. Porque para 33 números solo necesitaría $\mathbf{33^2 = 1.089}$ operaciones, que son muchísimas menos que **33!** (que es del orden de 10^{35}, un 1 con 35 ceros detrás).

Algo importante, que en realidad ya estaba implícito en lo dicho anteriormente, es que el número de operaciones depende del número de elementos de la lista a ordenar. En otras palabras: en un algoritmo el número de operaciones depende del tamaño de la entrada (y en muchas ocasiones no solo del tamaño, pero eso es harina de otro costal).

¿Se puede mejorar el algoritmo A_2?

Pues sí, con una ligera modificación. Con este algoritmo, si tenemos ordenados ya unos cuantos números de la lista, al tratar de colocar a uno nuevo en su sitio lo tenemos que comparar con el primero, después el segundo, y así sucesivamente hasta encontrar su posición. Pero ¿y si empezamos comparándolo con el que se halla a mitad de la lista ya ordenada, para decidir si está en la mitad de los más pequeños o en la mitad de los más grandes? Repitiendo esta idea sucesivamente, siempre partiendo por la mitad, se puede comprobar que, en general, se necesitan menos operaciones para insertar un nuevo número en la lista en su posición correcta.

Veámoslo con otro ejemplo, que siempre es más visual. Supongamos que tenemos la siguiente colección de números ya ordenados: {1, 4, 7, 11, 15, 22, 27, 40, 45, 51, 53, 58, 61} y tenemos que insertar, en su sitio, el 26. Si lo comparamos con 1, 4..., vamos a necesitar realizar siete comparaciones (desde el 1 hasta el 27). Pero si lo comparamos directamente con el elemento central de la lista (como tenemos trece números, el que ocupa la mitad de la tabla es el séptimo, que es precisamente el 27), como el 26 es menor, concluimos que debe estar en la mitad de los más pequeños: {1, 4, 7, 11, 15, 22, 27}. Nos olvidamos del resto (de la mitad de los más grandes) y comparamos el 26 con el que ocupa la mitad de esa nueva lista, es decir, con el que está en tercer lugar, el 11. El 26 es mayor que el 11 y, por lo tanto, debe estar entre el 11 y el 27: {11, 15, 22, 27}. Como el número de elementos entre el 11 y el 27 es par, escogemos uno de los dos centrales, por ejemplo, el 15 (también es mala suerte, pues si hubiéramos escogido el otro tendríamos una operación menos, pero eso no se sabe *a priori* cuando se diseña el algoritmo). El 26 es mayor que el 15, por lo que, entonces, toca compararlo con el 22 para encontrar su posición. Hemos realizado solo cuatro comparaciones y eso que el número que hemos escogido para nuestro ejemplo es el peor para este método. En la figura siguiente se da un esquema de lo que acabamos de explicar.

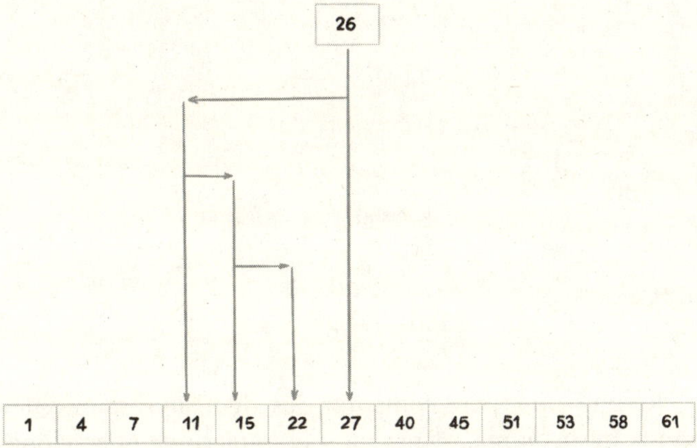

Cada flecha vertical indica con qué número comparamos cada vez y las horizontales marcan la mitad con la que nos quedamos.

Se puede comprobar así que, en general, usaremos menos operaciones con este método, al que llamaremos algoritmo $\mathbf{A}_3$.

Pues bien, recapitulando tenemos que con el algoritmo $\mathbf{A}_1$ (el de considerar todas las posibles ordenaciones) para ordenar $\boldsymbol{n}$ números necesitamos $\boldsymbol{n!}$ operaciones; con el algoritmo $\mathbf{A}_2$, para ordenar ***n*** números necesitamos $\boldsymbol{n^2}$ operaciones, y (sin entrar en los detalles técnicos, que no es este el sitio ni el momento, pero confía en mí, que soy una señora con gafas) con el algoritmo $\mathbf{A}_3$ para ordenar ***n*** números necesitamos ***n x log(n)*** (donde ***log(n)*** representa al logaritmo de ***n***).

Comparemos ahora estos tres algoritmos usando la gráfica de la siguiente figura. El eje horizontal muestra el número de números del conjunto a ordenar y el vertical el número de operaciones para ***n!***, $\boldsymbol{n^2}$ y ***n x log(n)***. En dicha imagen, cuanto más baja es la curva, menos operaciones se realizan. Como ves, esa extraña ***n x log(n)*** es la mejor (hasta el momento).

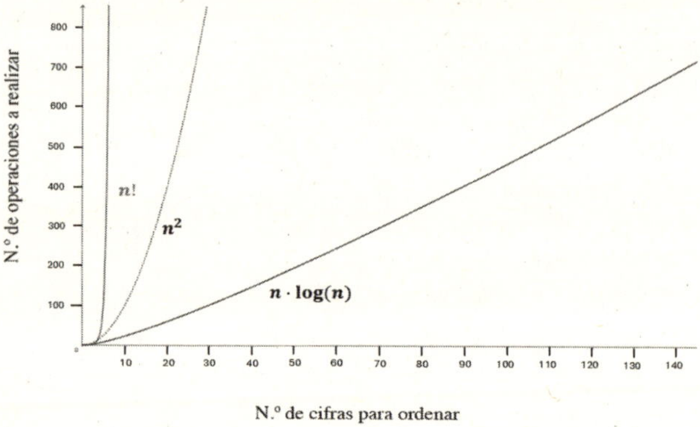

Resumiendo, para comparar dos algoritmos que resuelvan la misma tarea, contaremos el número de operaciones (aproximadamente) que realizamos con cada uno de ellos y nos quedaremos, lógicamente, con el que menos operaciones realice.

Ahora bien, ¿ese número de operaciones no dependerá de la máquina con la que las realicemos? Sorprendentemente no: las operaciones solo dependen del algoritmo y de la entrada. Sí que es cierto que los modernos ordenadores pueden realizar muchas operaciones a la vez, pero esto no nos ahorrará ninguna operación, sino que solo acortará el tiempo de realización.

Bueno, lo que acabamos de decir no es del todo cierto: el número de operaciones también puede depender de la máquina. Estas comparaciones dos a dos son propias de los ordenadores tal y como los conocemos, pero existen otro tipo de «ordenadores» en los que se pueden realizar menos operaciones o, mejor dicho, otras operaciones distintas que no se pueden llevar a cabo en un PC normal, ni siquiera en un supercomputador muy avanzado.

Existe, de hecho, un «ordenador» muy específico para ordenar números que podemos construir nosotros mismos y que requiere menos de *n x log(n)* operaciones. Los elementos que necesitamos son: un metro, una superficie plana, como una mesa, por ejemplo, un rotulador y un paquete de fetuchini (como los espaguetis pero planitos y bastante anchos).

¿Cómo usar este «ordenador» para ordenar números? Supongamos, como antes, que nos dan una lista *L* de *n* números que tenemos que ordenar. Tomamos el primero de la lista y un fetuchini; con el metro medimos una longitud sobre el fetuchini igual al número que hemos cogido de la lista; cortamos el fetuchini por esa longitud y escribimos el número sobre su superficie plana. Realizamos esa operación para cada número de la lista *L*; después tomamos todos los fetuchinis con nuestras manos y los igualamos por abajo usando la mesa, tal y como muestra la figura.

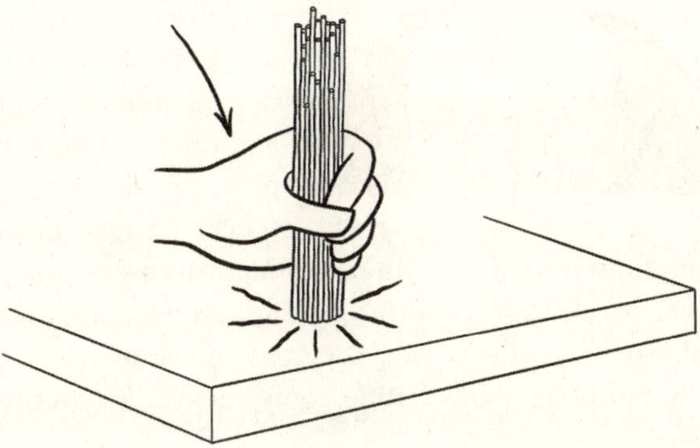

Ya los tenemos ordenados: bastará con ir sacándolos uno a uno en orden. De esta forma básicamente hemos realizado del orden de *n* operaciones que es mejor que el *n x log(n)* que se podía conseguir en un ordenador convencional (y que es óptimo en dicho caso).

Ya, ya sé que este último algoritmo solo sirve para jugar un rato y no para la vida cotidiana, pero es simpático, ¿no?

Aunque, como he dicho al principio de este capítulo, vamos a darnos un paseo por la historia de los algoritmos y tratar de explicar el sabor de algunos de ellos, me gustaría terminar esta introducción reivindicando a la matemática británica que nos enseñó a escribir los algoritmos para que lo entendiesen las máquinas, las computadoras.

Estoy hablando, sí, de Ada Lovelace.

La encantadora de números

Ada Lovelace es reconocida mundialmente como la primera persona que escribió un algoritmo para que lo pudiera entender una máquina. Pero no como la primera persona que diseñó un algoritmo, ojo. Las humanas y los humanos hemos usado los algoritmos desde casi el principio de nuestra existencia. La agricultura, por ejemplo, se puede considerar un algoritmo y es una práctica ancestral. Digo esto porque algunas veces nos venimos arriba atribuyendo méritos y se nos va de las manos. Y exagerar es tan peligroso y dañino como mentir. En mi opinión, claro.

Nuestra querida Ada, en realidad, se llamó al nacer, en 1815, Augusta Ada Byron. A lo mejor te suena el apellido Byron y sí, efectivamente, Ada era hija del famoso poeta inglés lord Byron (George Gordon Byron), considerado uno de los más grandes poetas británicos y una de las principales figuras del romanticismo. Pero la verdad es que el señor romántico influyó muy poquito en nuestra amiga, porque el lord se separó de la madre de Ada a los dos meses de nacer ella.

Así que fue su madre, Annabella Milbanke, la responsable de la exquisita educación que recibió Ada. Aunque menos conocida que el padre de la criatura, Annabella fue una mujer muy comprometida con distintas causas sociales que luchó, entre otras metas, por abolir la esclavitud. Si el padre de Ada fue un amante de las palabras, Annabella fue siempre una enamorada de las matemáticas y su lógica. Según cuentan, por esta razón, su marido la llamaba «mi princesa de los paralelogramos». ¿En serio, George? Tú, que eras una de las principales figuras del romanticismo, ¿no encontraste algún objeto matemático menos soso que un paralelogramo para piropear a tu mujer? En fin. Esta pasión de Annabella por las matemáticas y la astronomía y la mala experiencia con el señor poeta influyeron en ella a la hora de elegir la educación para su única hija. Intentando alejar a su niña de la poesía y la locura que parecía provocar en los poetas, según ella, puso a Ada en manos de los mejores matemáticos y científicos de la época. Entre ellos, el mismísimo Augustus De Morgan o la mismísima Mary Somerville. Esta última ha sido otra mujer silenciada tradicionalmente en los libros de historia de las matemáticas a pesar de que fue una impulsora de las mismas en Inglaterra en el siglo XIX. Somerville fue famosa por sus libros, que popularizaron conceptos científicos, incluyendo la mecánica celeste y la física. Sin duda, su labor como divulgadora influyó notablemente en los avances de aquella época.

Fue precisamente en casa de Mary Somerville donde Ada conoció a Charles Babbage, un matemático e ingeniero pionero de la computación. Babbage no fue estrictamente un profesor formal de Ada, pero, desde luego, sí que influyó de manera decisiva en su trabajo.

Babbage le habló, en 1833, de su proyecto de máquina diferencial, una especie de calculadora mecánica, y Ada quedó fascinada por la idea inmediatamente, puesto que, además de la ciencia, era una apasionada de la ingeniería. Solo con trece años ya había escrito un libro sobre las propiedades de las alas de los pájaros, con el propósito de entender el «mecanismo», descifrar el equilibrio exacto entre el tamaño de sus alas y el peso de su cuerpo y poder construir alas para humanos. El libro, lleno de ilustraciones, se llamó *Flyology* (en castellano sería «Vuelología»).

Ni Ada llegó a construir sus alas ni Babbage construyó nunca su máquina diferencial. Pero años más tarde ideó otra máquina, la máquina analítica, que ya podríamos entender como una precursora de las computadoras, de los ordenadores, aunque tampoco se llegó a construir por falta de inversión e interés. Sobre todo, de lo segundo.

El caso es que Charles Babbage presentó su proyecto de máquina analítica en una serie de conferencias en Turín en 1840 y, un par de años más tarde, un matemático italiano que había asistido a dichas conferencias, Luigi Federico Menabrea, publicó un artículo, en francés, explicando el funcionamiento de la misma. Y ahí llega nuestra amiga Ada, en 1843, a traducirlo al inglés. Pero no solo eso, sino que en aras de explicar mejor el funcionamiento y, sobre todo, las distintas posibilidades (más allá de simples cálculos) que ofrecía la máquina analítica, Lovelace añadió unas notas al artículo de Menabrea. En una de ellas, la nota G (las ordenó alfabéticamente), propuso la escritura de un algoritmo para que la máquina calculase una secuencia de números conocidos como los números de Bernoulli. Esta nota es aceptada por la comunidad matemática internacional como el primer algoritmo escrito para una computadora. Aunque aún no existían ordenadores, claro. Ni siquiera la máquina analítica de Babbage.

No deja de ser rompedor que en pleno siglo XIX, siendo ya madre de tres hijos (el más pequeño nació en 1839), una mujer trabajara y publicara sus resultados en matemáticas. Sin duda, la vida de Lovelace da para una película o una serie (¿algún productor en la sala?), pues fue una adelantada a su época y una mente muy brillante que, desafortunadamente, perdimos demasiado pronto. Ada murió de cáncer a los treinta y seis años. Según lo que han escrito algunos autores sobre ella, a pesar del empeño de su estricta y religiosa madre por que estudiara ciencias y así apartarla de la poesía y de la incontinencia moral que esta provocaba en los y las poetas, Ada también tuvo tiempo (en la década de los cuarenta) de tener sus aventuras amorosas extramatrimoniales y algún que otro *problemilla* con las apuestas en carreras de caballos. Las matemáticas son un bálsamo para el corazón y la mente, de eso no hay duda, pero, por suerte, no nos restan ni virtudes ni debilidades humanas.

Y ni tan mal, oye.

2

Cleopatra

Por lo que sabemos, los primeros algoritmos se remontan a la época de Babilonia (1800-1600 a. C.), pero los que han tenido mayor trascendencia y han dejado más huella son los que mantienen a nuestra Cleopatra expectante: aquellos que surgieron de las matemáticas de la Grecia clásica. Algunos de ellos, como el algoritmo de Euclides de Alejandría, se siguen usando en la actualidad para procesos tan *modernos* como la criptografía. Y más que se debería usar: por ejemplo, en las clases de primaria para calcular el máximo común divisor o el mínimo común múltiplo de dos números.

Pero no adelantemos acontecimientos, porque no me resisto a contarte, antes de hablar de la antigua Grecia, el algoritmo que —según parece a partir de una tablilla babilónica que se encuentra en la Universidad de Yale, la tablilla YBC 7289 (YBC son las siglas de Yale Babylonian Collection, la colección babilónica de Yale)— usaban en Babilonia para calcular la raíz cuadrada de un número. No sé si tú tuviste que aprender a calcular la raíz cuadrada a mano; yo sí, pero con un algoritmo mucho más oscuro y menos intuitivo que el de los niños de Babilonia.

Algoritmos en Babilonia

Veámoslo con un ejemplo concreto, calculando el valor de la raíz cuadrada de 2, que es precisamente el que aparece calculado en la tablilla. La necesidad de conocer este valor, $\sqrt{2}$, aparece, por ejemplo, cuando queremos medir la diagonal de un cuadrado de lado 1. Luego te cuento cómo se puso Pitágoras cuando un discípulo suyo le dijo que ese número, la raíz cuadrada de 2, no se podía calcular como una división de números enteros.

Al lío. La estrategia que usaban los babilonios para calcular la raíz cuadrada de un número consistía, hablando informalmente, en ir acorralándolo entre dos posibles valores, cada vez más cercanos entre ellos.

El primer paso consiste en buscar, a ojo de buen cubero, un valor que pueda ser cercano a $\sqrt{2}$, es decir, un número que al cuadrado esté cerca de 2. Al fin y al cabo, esa es la propiedad que define a $\sqrt{2}$: ser un número que, al cuadrado, vale 2.

Sabemos que 1 no puede ser la $\sqrt{2}$, porque $1^2 = 1$, que es menor que 2, o sea, que no llega. Y sabemos que 2 no es tampoco el valor de $\sqrt{2}$, porque $2^2 = 4$ y se pasa. Eso significa que $\sqrt{2}$ está entre 1 y 2.

$$1 < \sqrt{2} < 2$$

O sea, que $\sqrt{2}$ debe ser 1 y pico, como se suele decir. Busquémoslo, pues, entre los valores que se encuentran entre 1 y 2. ¿Dónde? No lo sabemos aún, así que tomamos una decisión salomónica y nos fijamos en el punto medio entre 1 y 2:

$$\frac{1+2}{2} = \frac{3}{2} = 1{,}5$$

Llamaremos C_1, candidato 1, a ese valor, $C_1 = 3/2 = 1{,}5$. ¿Será $\sqrt{2} = 1{,}5$? Para salir de dudas, dividimos 2 entre 1,5, o sea, entre 3/2. Dividir entre 3/2 es multiplicar por 2/3. Si 3/2 fuese el valor de $\sqrt{2}$, al dividir 2 entre 3/2 debería quedarnos 3/2.

$$\frac{2}{\frac{3}{2}} = 2 \cdot \frac{2}{3} = \frac{4}{3} = 1{,}333333333$$

Por lo tanto, 3/2 no equivale a $\sqrt{2}$. Ni 4/3 tampoco, por la misma razón. Pero sabemos que $\sqrt{2}$ está entre esos dos valores, porque $\left(\frac{3}{2}\right)^2 = \frac{9}{4} = 2{,}25$, que es mayor que 2, y $\left(\frac{4}{3}\right)^2 = \frac{16}{9} = 1{,}777$, que es menor que 2. Volvemos a tomar una decisión salomónica y tomamos como candidato 2 al punto medio entre 3/2 y 4/3.

$$C_2 = \frac{3/2 + 4/3}{2} = \frac{17}{12} = 1{,}41166666$$

Y ahora ¿qué hacemos? Repetir el algoritmo. Dividimos 2 entre C_2 y si nos sale C_2 hemos terminado. Si no, tomamos C_3 como al punto medio entre C_2 y el resultado de $2/C_2$.

$$\frac{2}{\frac{17}{12}} = 2 \cdot \frac{12}{17} = \frac{24}{17} \neq C_2 \Rightarrow C_3 = \frac{\frac{17}{12} + \frac{24}{17}}{2} = 1{,}4142156863$$

Lo has visto, ¿verdad? El candidato 3, solo con 3 pasos, nos da el valor de $\sqrt{2}$ con cinco cifras decimales exactas. Te recuerdo que el valor de $\sqrt{2}$ es 1,414213562373095...

¿Podemos mejorar el resultado? Claro, buscando al candidato 4, C_4, con el mismo método:

$$C_4 = \frac{C_3 + 2/C_3}{2} = 1{,}414213562347...$$

Es decir, tendríamos el valor de $\sqrt{2}$ con once cifras decimales exactas. ¿Cómo te quedas? Así eran los babilonios. O eso parece a partir de las evidencias que tenemos.

Podemos seguir afinando más, calculando más cifras decimales exactas de $\sqrt{2}$, siguiendo con este algoritmo y calculando cada nuevo candidato, C_k, a partir del candidato anterior, $C_{k-1,}$ con la siguiente fórmula:

$$C_k = \frac{C_{k-1} + \dfrac{2}{C_{k-1}}}{2}$$

Resumiendo, para calcular la raíz cuadrada de un número solo necesitas comenzar con dos valores que la encierren (uno más grande y otro más pequeño), tomar el punto medio de ambos como candidato 1 y proceder como hemos visto.

Algoritmos en la antigua Grecia

Este algoritmo también se conoce como el algoritmo de Herón, en honor a Herón de Alejandría (siglo I), quien lo describió en sus escritos. Y es un caso particular del método que nos propuso Isaac Newton, ya en el siglo XVII, para resolver ecuaciones. Al fin y al cabo, calcular, por ejemplo, $\sqrt{2}$ es resolver la ecuación $x^2 - 2 = 0$.

Hoy en día no tiene sentido calcular la raíz cuadrada a mano, sino con una calculadora o un ordenador, por supuesto. Lo que sí que tiene sentido y es conveniente es saber que calculando una raíz cuadrada puedes determinar, por ejemplo, si las paredes de tu casa están bien construidas formando un ángulo recto con el suelo. Por ejemplo.

Y ahora el cotilleo histórico. Como hemos dicho ya, el valor exacto de $\sqrt{2}$ no se puede alcanzar con el algoritmo babilónico (ni con ningún otro) porque $\sqrt{2}$ es un número irracional, lo que significa que no se puede expresar como una fracción de números enteros. Pero esto significa también que tiene, como el número π, infinitas cifras decimales que no siguen ningún patrón ni periodo. Por eso tampoco podremos calcular su valor numérico con ninguna computadora por muy potente que sea; ninguna máquina puede manejar un número infinito de cifras. El infinito es un concepto que solo podemos manejar los humanos cuando abstraemos. O cuando amamos a nuestros hijos.

Se ve que este hecho, el de que no se pueda expresar $\sqrt{2}$ como una fracción, le molestaba un poco a Pitágoras y a sus seguidores. ¿Por qué? Porque los pitagóricos tenían la creencia de que todo se podía expresar con los números que conocían, que eran los naturales (los que usamos para contar), los enteros (añadimos a los naturales el 0 y los negativos sin decimales) y los racionales (añadimos, además, todos los números que se pueden obtener como el resultado de dividir dos números enteros entre sí). Según cuenta la leyenda (de Pitágoras sabemos muy poquita cosa), uno de sus discípulos, Hipaso de Metaponto, le insinuó que el valor de la longitud de la diagonal de un cuadrado de lado 1 no se podía expresar como una fracción. Al poco tiempo, el pobre de Hipaso se cayó del barco donde iba con sus amigos pitagóricos y se ahogó. Cosas que pasan.

Cuando yo le conté a mi hijo mayor, Salvador, que tenía entonces ocho años, que el número π no se podía escribir como una fracción de números enteros, me preguntó con cara de incredulidad: «¿Pero las habéis probado todas?». Evidentemente no se demuestra así que π es irracional (es decir, que no se puede escribir como una fracción de números enteros), algo que, de todos modos, escapa un poco del objetivo de este libro. Sin embargo, creo que no es tan complicado ver que $\sqrt{2}$ tampoco es racional. Y te lo voy a explicar, claro. Para ello voy a usar una técnica muy utilizada en matemáticas desde la antigua Grecia, conocida como «demostración por reducción al absurdo». Se trata de negar lo que quieres demostrar hasta llegar a algo absurdo.

Supongamos, por ejemplo, que $\sqrt{2}$ es racional, es decir, que existen dos números enteros (sin decimales), los llamaremos *m* y *n*, que cumplen que $\sqrt{2} = \frac{m}{n}$. Podemos considerar que *m* y *n* no tienen ningún divisor en común, esto es, que no podemos simplificar la fracción; decimos en ese caso que $\frac{m}{n}$ es una fracción irreducible. Como, por ejemplo, 3/7, que no se puede simplificar más, mientras que la ecuación 6/14 se puede simplificar dividiendo el numerador y el denominador por 2, llegando así a 3/7, que ya es irreducible.

$$\frac{6}{14} = \frac{3 \cdot 2}{7 \cdot 2} = \frac{3}{7}$$

Todas las fracciones del mundo se pueden simplificar hasta llegar a una equivalente e irreducible. Tenemos, por lo tanto, que $\sqrt{2} = \frac{m}{n}$, siendo $\frac{m}{n}$ una fracción irreducible. Vamos a elevar ahora esta igualdad al cuadrado:

$$\sqrt{2} = \frac{m}{n} \Rightarrow (\sqrt{2})^2 = (\frac{m}{n})^2 \Rightarrow 2 = \frac{m^2}{n^2} \Rightarrow 2 \cdot n^2 = m^2$$

Si tenemos que $m^2 = 2 \cdot n^2$, significa que *m* tiene que ser par, porque m^2 es par. Es decir, que *m* será de la forma $m = 2 \cdot k$ para algún valor *k*. Tenemos entonces que:

$$2 \cdot n^2 = (2 \cdot k)^2 = 4 \cdot k^2 \Rightarrow 2 \cdot n^2 = 4 \cdot k^2 \Rightarrow n^2 = 2 \cdot k^2$$

¿Qué ven mis ojos? Si $n^2 = 2 \cdot k^2$ significa que n^2 es un número par y que, por lo tanto, *n* también es un número par. O sea, que *n* será de la forma $n = 2 \cdot p$ para algún valor *p*.

Ya hemos llegado a un absurdo. Porque si m es par, $m = 2 \cdot k$, y n es par, $n = 2 \cdot p$, la fracción $\frac{m}{n}$ no es, como habíamos dicho, irreducible:

$$\frac{m}{n} = \frac{2 \cdot k}{2 \cdot p} = \frac{k}{p}$$

Concluimos así que es imposible encontrar dos números enteros (sin decimales), m y n, que cumplan que $\sqrt{2} = \frac{m}{n}$.

Con regla y un poquito de compás

Vamos, ahora sí, a descubrir algunos algoritmos en la antigua Grecia. La matemática griega se ocupaba principalmente de la geometría y estaba muy influenciada por la egipcia (al fin y al cabo, Alejandría fue una ciudad griega), que trataba de marcar los terrenos para que no hubiera disputas tras las subidas del Nilo. De hecho, es aceptado que el término «geometría» deriva precisamente de eso, del interés de los egipcios en *medir* la tierra (*geo*) para que cada uno supiera cuánto medía su parcela antes de que el desbordamiento del Nilo borrase los límites. De esta época son muy conocidos los algoritmos de construcción con regla y compás. Eso sí, con una regla y un compás muy especiales. La regla era infinita y no podía tener marcas, es decir, no podía usarse para medir distancias ni para *copiarlas* y solo tenía un lado, por lo que no servía para dibujar rectas paralelas. Y el compás se cerraba en cuanto se levantaba del papel; tampoco tenía, pues, memoria para trasladar o copiar distancias. Todo esto, según cuentan, fue por influencia de Platón. Este pensaba que el estudio de la geometría debía hacerse con estas herramientas porque las reglas marcadas o los compases que permitían comparar medidas eran herramientas de trabajadores manuales, no de eruditos matemáticos. Él era así.

De todas formas, incluso con estas restricciones, los matemáticos griegos consiguieron construir infinidad de objetos matemáticos. Estos son, por lo tanto, algoritmos muy antiguos que nos explicaban paso a paso cómo construir, con regla y compás, distintos elementos geométricos. Y hay muchos ejemplos, a cada cual más bonito. Aunque, como no son del todo simples, te contaré uno sencillito.

Por ejemplo, ¿cómo puedes construir con regla y compás (con las normas que hemos definido unas líneas más arriba) un hexágono regular (con todos los lados con la misma longitud y los ángulos iguales)? Recuerda que la regla no tiene marcas y el compás se cierra cuando lo separas del papel, es decir, no tiene memoria para las distancias.

Este es, posiblemente, uno de los algoritmos más simples de construcción con regla y compás.

— Paso 1: Dibuja una recta en el papel (por ejemplo, horizontal).
— Paso 2: Señala un punto sobre la recta, que llamaremos C. Dibuja una circunferencia centrada en C. Esta circunferencia cortará a la recta en dos puntos: P_1 y P_2.
— Paso 3: Dibuja una circunferencia con centro en P_1 que pase por C. Esta circunferencia cortará a la circunferencia inicial, la centrada en el punto C, en dos nuevos puntos: P_3 y P_4.
— Paso 4: Dibuja una circunferencia con centro en P_2 que pase por C. Esta circunferencia cortará la circunferencia inicial, la centrada en el punto C, en dos nuevos puntos: P_5 y P_6.
— Paso 5: Dibuja el hexágono, cuyos vértices son $\{P_1, P_2, P_3, P_4, P_5, P_6\}$.

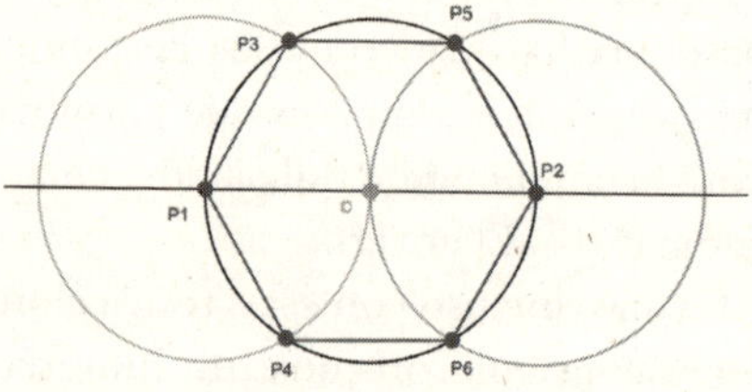

Lo que no consiguieron construir con regla y compás en la antigua Grecia (y se demostró en el siglo XIX que era imposible) fueron tres cositas: la cuadratura del círculo (construir un cuadrado con un área igual a un círculo dado), la trisección del ángulo (dibujar dos líneas que lo dividan en tres ángulos de la misma medida) o la duplicación del cubo (construir un cubo con el doble del volumen de un cubo dado).

Estos tres problemas no se pueden resolver con nuestra regla y nuestro compás ideales, pero sí con otros métodos matemáticos, claro.

Déjame que te cuente que para el tercero de ellos, para la duplicación del cubo, hubo muchas propuestas de solución en la antigua Grecia, con diversos métodos. Entre estas propuestas estuvo la de, posiblemente, la primera mujer matemática de la historia. No, no es Hipatia, aunque parece que sí, que también vivió en Alejandría, pero antes que esta. Se llamaba Pandrosion de Alejandría y vivió en el siglo IV. Las únicas referencias históricas que tenemos de ella aparecen en uno de los libros de Pappus de Alejandría. Pappus escribió una colección de ocho libros, con el título *La Synagoge*, en los que recopilaba los conocimientos matemáticos de la época. El primero de estos libros y algunas partes del segundo se perdieron y no han llegado hasta nosotros. Pero el Libro III se lo dedica casi exclusivamente a nuestra amiga Pandrosion. ¿Porque la admiraba profundamente? No, porque no le parecían del todo rigurosos los métodos de esta matemática para abordar los problemas y no le reconocía las estrategias (algunas muy brillantes) que usaba para abordar cuestiones como la duplicación del cubo, por ejemplo. Lo increíble de esta historia (ojalá fuese increíble y no otro caso más) es que aunque Pappus habla de Pandrosion en femenino, los primeros traductores de la obra de este matemático griego al latín, allá por 1878, lo tomaron como un error y, con toda la poca vergüenza del mundo, lo cambiaron a masculino. Se ve que no les cuadraba que en la antigua Grecia pudiera haber mujeres que se dedicaran al noble arte de las matemáticas. Que no las dejaban, también hay que decirlo. Pero que algunas, como Pandrosion o Hipatia, sí lograron hacerse un hueco entre tanto hombre listo. Hubo que esperar hasta 1988 para que Alexander Raymond Jones, al traducir la obra de Pappus al inglés directamente desde el griego, se diera cuenta de que se trataba de una mujer porque se refería a ella en femenino. Y porque, además, Pandrosion es un diminutivo de Pandrosos, que era el nombre de una hija del primer rey de Atenas. Después de Jones, otros autores y estudios más recientes han apoyado su versión. Como he dicho antes, ojalá esta historia fuera realmente increíble y no otro ladrillo más en un muro de invisibilización del papel de las mujeres en la historia.

Si bien el método de Pandrosion para duplicar (de forma aproximada) el cubo, que es equivalente a calcular la raíz cúbica de un número, es un poco complicado para un libro como este, vamos a ver un par de algoritmos más de la antigua Grecia que fueron sorprendentes en su momento y lo siguen siendo aún en el siglo XXI.

El padre de la geometría

Vamos a retroceder en el tiempo hasta el siglo IV a. C. y principios del III a. C. para conocer a Euclides, el padre de la geometría y el autor del libro de texto más influyente de la historia de la humanidad. O, al menos, uno de los más influyentes.

De la vida de Euclides no tenemos mucha información, más allá de que vivió en Alejandría alrededor del año 300 a. C. Esto es lo que se puede deducir de lo que relata Proclo, el último gran filósofo griego de la Antigüedad. Según él, Euclides vivía en Alejandría en la época de Ptolomeo I Sóter, que reinó en Egipto desde el año 323 hasta 285 a. C.

Lo que sí sabemos de Euclides es que fue el autor de los *Elementos* que, como he anunciado hace unas líneas, debe ser posiblemente la obra más famosa y trascendental de toda la historia de las matemáticas. Los *Elementos* es una colección de trece libros en los que Euclides fue capaz de recopilar todo el conocimiento geométrico y matemático de la época y organizarlo de una forma sistemática. Si bien es verdad que muchos de los resultados que aparecen en dicha obra no eran de Euclides, sino de matemáticos previos, sí que él propuso formas más originales para demostrarlos.

En los *Elementos* podemos encontrar de todo, como en botica: muchas cuestiones relativas a puntos y rectas; demostraciones (como las del teorema atribuido a Pitágoras); un análisis profundo de circunferencias, círculos, proporciones y figuras semejantes; números primos; números irracionales; series geométricas, o el fundamento de la geometría en tres dimensiones incluyendo el cálculo de volúmenes de conos, cilindros, pirámides, etc., entre otros. Lo dicho, de todo como en botica. Decía María Moliner, en su *Diccionario de uso del español*, que la expresión «haber de todo como en botica» significa «haber gran variedad de personas o cosas en un lugar, no faltar de nada». Pues eso.

Parece ser que fue Teón de Alejandría, el padre de Hipatia, uno de los primeros en editar los *Elementos*, con algunos cambios y añadiendo algo de contenido. Y que fue esta versión, la de Teón, la fuente griega que se usó para todas las traducciones árabes y latinas posteriores. Al árabe se hicieron no una, sino numerosas traducciones, porque los *Elementos* impactaron con fuerza en las matemáticas islámicas. Y fue traduciendo estas, del árabe al latín, como se dio a conocer a Euclides en Europa. La historia tiene, además, su gracia porque se cuenta, se dice y se comenta que el primer traductor de los *Elementos* al latín a partir del árabe, allá por el 1120, Adelardo de Bath, ilustre filósofo inglés, consiguió una copia de los libros de Euclides en Córdoba, en España, porque se coló disfrazado de estudiante musulmán en una de sus madrasas. Quién sabe cuánto de verdad hay en esta historia, ¿eh?

La primera impresión de los *Elementos* se hizo en 1482, por Erhard Ratdolt en Venecia, menos de treinta años después de la Biblia de Gutenberg. Desde entonces no se ha dejado de editar hasta nuestros días en prácticamente todas las principales lenguas del mundo. Hay quien afirma que, después de la Biblia, es el libro más traducido, publicado y estudiado de todos los producidos en Occidente. La verdad es que no he comprobado esta afirmación, pero tampoco me preocupa demasiado. Nos quedamos con la idea del principio: es una de las obras más importantes de la historia de las matemáticas.

Como este libro que tienes entre las manos va de algoritmos, de devolverle a esta noble palabra su dignidad más que merecida, de los trece libros de los *Elementos* vamos a fijarnos en el Libro VII. En este volumen nuestro querido Euclides describe un algoritmo, conocido en la actualidad como algoritmo de Euclides (cero sorpresa con esto), el cual sirve para calcular el máximo común divisor de dos números. Y, sí, es vital en muchas de las cosas que hacemos tú y yo cada día porque se usa, entre otras aplicaciones, en nuestra seguridad informática.

¿Recuerdas cómo te enseñaron a calcular el máximo común divisor de dos números? Empecemos por recordar qué es un divisor.

Un divisor de un número entero (sin decimales) es un número por el que lo puedes dividir sin que te sobre nada, con resto 0. Por ejemplo, el 6 tiene como divisores el 1, el 2, el 3 y el propio 6. Todos los números enteros se pueden dividir al menos por 1 y por sí mismos. Los que solo tienen estos dos divisores, el 1 y ellos mismos, son los famosísimos números primos, como el 2, el 3, el 5, el 7... Los números primos son como el ADN de los números en cierto sentido, porque cualquier número entero se puede descomponer como producto de sus factores primos (menores que él) y esta descomposición es única. Por ejemplo, 6 es siempre 2 por 3 (o 3 por 2) y no hay ningún otro número cuya factorización sea 2 por 3. Resumiendo, dado cualquier número entero, por muy grande que sea, siempre le podemos *extraer su ADN* descomponiéndolo como producto de sus factores primos menores que él. Y este hecho es el que se usa cuando nos explican en el cole cómo calcular el máximo común divisor de dos números.

Supongamos que queremos calcular el máximo común divisor de los números P y Q, algo que solemos escribir MCD(P,Q). Sería, informalmente, algo así.

— **Entrada**: P y Q, dos números enteros.
— Paso 1: Factorizar P y Q como producto de sus factores primos.
— Paso 2: *MCD(P,Q)* es el producto de los factores primos comunes a P y Q, elevados al menor de los exponentes.
— FIN

Vamos a explicarlo con un ejemplo, para entender, si no lo has visto nunca, el paso 2.

Por ejemplo, queremos calcular el MCD(360, 150). ¿Para qué? Porque tenemos 360 caramelos rojos y 150 caramelos verdes y queremos hacer paquetes de caramelos rojos y paquetes de caramelos verdes con el mismo número de caramelos cada uno y con el mayor número de caramelos posibles. Esto último es lo que nos conduce a calcular el máximo común divisor. Sin la condición de poner el mayor número posible de caramelos en cada paquete, la solución sería inmediata: 360 paquetes con un caramelo rojo y 150 paquetes con un caramelo verde.

Vamos a calcularlo.

Empecemos por el paso 1: factorizar *P* y *Q*.

Este paso, cuando yo lo aprendí el siglo pasado en la escuela, se hacía usando una línea para ir escribiendo la factorización de la siguiente manera. Comenzamos con 360 y, empezando por el primer número primo distinto de 1, el 2, nos vamos preguntando si es o no divisor de 360.

¿Es el 2 divisor de 360? Pues sí, porque 360 es un número par y todos los números pares tienen al 2 como divisor. Divido 360 entre 2 y nos queda 180. Repetimos el proceso.

¿Es el 2 divisor de 180? Sí, por la misma razón. Divido 180 entre 2 y nos queda 90. Repetimos el proceso.

¿Es el 2 divisor de 90? Sí. Divido 90 entre 2 y nos queda 45. Repetimos el proceso.

¿Es el 2 divisor de 45? No. Probemos con el siguiente primo. ¿Es el 3 divisor de 45? Sí, porque al sumar las cifras de 45, 4+5, nos da 9, que es un múltiplo de 3. O si no recuerdas las reglas de divisibilidad como esta de la suma de cifras, comprueba con la calculadora si la división de 45 entre 3 es exacta, es decir, si no tiene decimales. Divido 45 entre 3 y nos queda 15. Repetimos el proceso.

¿Es el 2 divisor de 15? No. ¿Es el 3 divisor de 15? Sí. Divido 15 entre 3 y nos queda 5. Repetimos el proceso.

¿Es el 2 divisor de 5? No. ¿Es el 3 divisor de 5? No. ¿Es el 5 divisor de 5? Sí. Divido 5 entre 5 y nos queda 1. Fin.

Al factorizar 360 hemos dividido 3 veces entre 2, 2 veces entre 3 y una entre 5. Y esto lo escribíamos en nuestro cuaderno así:

360	2
180	2
90	2
45	3
15	3
5	5
1	

Concluimos, por lo tanto, que $360 = 2^3 \cdot 3^2 \cdot 5$.

De forma similar, tendríamos:

150	2
75	3
25	5
5	5
1	

O sea $150 = 2 \cdot 3 \cdot 5^2$.

Este sería el final del paso 1:

$360 = 2^3 \cdot 3^2 \cdot 5$	$150 = 2 \cdot 3 \cdot 5^2$

El paso 2 sería elegir los factores primos comunes a los dos números, que son el 2, el 3 y el 5, porque aparecen en las dos factorizaciones, y escribirlos con el menor exponente (la menor potencia) con la que aparezca. O sea, 2 (que aparece así, elevado a 1 en la factorización de 150, y es una potencia menor que 2^3, que aparece en la factorización de

360); 3 (elevado a 1, de la factorización de 150); y 5 (elevado a 1, de la factorización de 360). Por lo tanto, MCD(360, 150) = 2 · 3 · 5 = 30. Podemos hacer bolsas de treinta caramelos: doce bolsas de treinta caramelos rojos y cinco bolsas de treinta caramelos verdes. Y ya.

Fácil, ¿verdad? Pues no, no siempre es fácil. De hecho, el paso 1 es muy difícil en bastantes casos, incluso con ordenadores de los más potentes que existen. Y menos mal, ¿eh? Porque en eso se basan muchos sistemas de seguridad informática. De estos algoritmos hablaremos en otro capítulo.

¿Por qué digo que es tan difícil si lo hemos hecho muy rápido? Lo hemos hecho muy rápido porque los divisores de 360 y 150 son muy pequeños: el más grande en ambos casos es el 5. Pero imagina que uno de nuestros números iniciales fuese, por ejemplo, 116.003. La factorización en primos de este número es 116.003 = 311 · 373. Es decir, antes de llegar a probar con el 311 (que es el primo más pequeño de la factorización de 116.003) has tenido que probar con 63 primos (311 es el 64.º número primo). O sea, que no es tan simple como en el ejemplo que yo he escogido, ni como en los ejemplos que aparecían (y aparecen) en los libros de texto de primaria y secundaria. Pero no pasa nada, porque para calcular el MCD de dos números, Euclides, en su Libro VII de los *Elementos*, nos enseñó otro algoritmo más eficiente y simple. Alrededor del siglo III a. C.

Te lo voy a explicar con el mismo ejemplo de antes, calculando el MCD(360, 150).

— **Entrada**: P, el número más grande (360 en nuestro ejemplo) y Q el número más pequeño (150 para nosotros).
— Paso 1: Hacemos $D = P$ y $d = Q$.
— Paso 2: Dividimos D entre d y llamamos R al resto de la división.
— Paso 3: Si $R = 0$, $\text{MCD}(D,d) = d$. FIN
— Paso 4: Si $R \neq 0$ hacemos $D = d$ y $d = R$.
— Paso 5: Volver al paso 2.

Vamos a usar este algoritmo, el algoritmo de Euclides, para calcular otra vez el

— Paso 1: $D = 360$ y $d = 150$.
— Paso 2: Dividimos D (360) entre d (150) y llamamos R al resto de la división.

$$\begin{array}{r|l} 360 & 150 \\ \cline{2-2} 60 & 2 \end{array}$$

Nos queda $R = 60$ y como $R \neq 0$, vamos directamente al paso 4.

— Paso 4: Si hacemos $D = d$ y $d = R$. En nuestro ejemplo, $D = 150$ y $d = 60$.
— Paso 5: Volver al paso 2.
— Paso 2: Dividimos D (150) entre d (60) y llamamos R al resto de la división.

$$\begin{array}{r|l} 150 & 60 \\ \cline{2-2} 30 & 2 \end{array}$$

Nos queda $R = 30$ y como $R \neq 0$, vamos directamente al paso 4.

— Paso 4: Si hacemos $D = d$ y $d = R$. En nuestro ejemplo, $D = 60$ y $d = 30$.
— Paso 5: Volver al paso 2.
— Paso 2: Dividimos D (60) entre d (30) y llamamos R al resto de la división.

$$\begin{array}{r|l} 60 & 30 \\ \cline{2-2} 0 & 2 \end{array}$$

Nos queda $R = 0$ y vamos, ahora sí, al paso 3.

— Paso 3: Si $R = 0$, $\text{MCD}(D, d) = d$. FIN

En nuestro caso, como $d = 30$, MCD(360 150) = 30. Y fin.

Más elegante y simple, ¿no te parece? A ver si tenemos suerte y en el siglo XXI llega a los libros de primaria y secundaria.

«Es que, si lo haces así, ¿cómo calculas el mínimo común múltiplo de esos dos números?», puedes estar pensando. Y la respuesta es que, si quieres calcular el mínimo común múltiplo de dos números, P y Q, que solemos escribir como $\text{mcm}(P,Q)$, solo tienes que calcular el $\text{MCD}(P,Q)$ con el algoritmo de Euclides y usar esta relación:

$$\text{mcm}(P,Q) = \frac{P \cdot Q}{MCD(P,Q)}$$

Eureka, (casi) hemos calculado el valor de π

Vamos a alejarnos ahora de Alejandría (tierra de grandes matemáticos, matemáticas y faraonas) para viajar hasta Siracusa. Allí nos está esperando otro de los grandes matemáticos (además de físico, astrónomo e ingeniero) de la antigua Grecia: Arquímedes de Siracusa.

Muchas personas asocian inmediatamente a Arquímedes con su grito de «¡Eureka!» mientras salía del baño y corría desnudo, celebrando que había descubierto que si sumerges un cuerpo en un fluido en reposo, dicho cuerpo experimenta un empuje vertical hacia arriba igual al peso del fluido desalojado. Sí, el principio de Arquímedes, aunque, evidentemente, él no lo llamó así. Él estaba feliz (supongo) por su descubrimiento y porque iba a poder ayudar al tirano de Siracusa, Hierón II, a descubrir que su corona no era de oro puro, como afirmaba el orfebre que la había fabricado. Posiblemente, en la cultura popular el grito de eureka sea lo más reconocible al pensar en este matemático.

Pero este griego de Siracusa fue mucho más que esta interjección. Nacido en el año 287 a. C. y asesinado en el 212, Arquímedes fue, sin duda, uno de los grandes científicos de la historia de la humanidad. En lo que a las matemáticas se refiere, sus métodos y demostraciones son muestras de brillantez y originalidad y, a la vez, de un rigor extremo, cumpliendo con los más altos estándares de la disciplina.

Si lo hemos traído a este libro sobre algoritmos es para contar el método que usó, en el siglo III a. C., para dar con un valor aproximado (una aproximación bastante buena) del número π. La existencia de esta constante —que el valor que se obtenía al dividir la longitud de cualquier circunferencia entre la longitud de su diámetro era siempre el mismo, independientemente del tamaño de la circunferencia— ya era conocida en la antigua Babilonia (alrededor del 1900 a. C.). En aquella época, se aproximó el valor de esta constante universal, π, a 3,125. Que no está mal, teniendo en cuenta que el valor aproximado es 3,141592. También en el antiguo Egipto (alrededor del 1650 a. C.) el papiro de Rhind muestra cálculos que aproximan el valor de π a 3,16.

Pues bien, nuestro querido Arquímedes, en el siglo III a. C., dio una aproximación extraordinaria (para la época y los medios que tenía) de este número usando un algoritmo brillante y original.

Para calcular el valor de π basta con calcular la longitud de una circunferencia de diámetro 1. Para ello, Arquímedes pensó lo siguiente: si dibujo un hexágono regular (todos los lados miden lo mismo) dentro de la circunferencia, como el que hemos dibujado hace unas páginas con regla y compás, y mido su perímetro (la suma de las longitudes de sus seis lados), lo que me salga será un valor menor que π, porque el perímetro del hexágono es más pequeño que la longitud de la circunferencia que está por fuera.

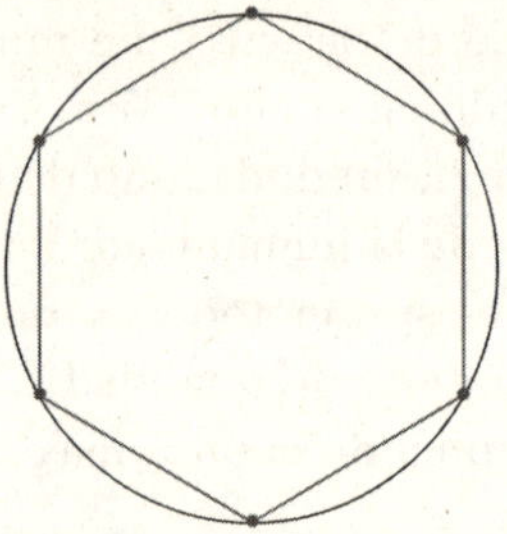

Si ahora considero un hexágono exterior a la circunferencia y mido su perímetro, este será mayor que π, porque es más grande que la circunferencia.

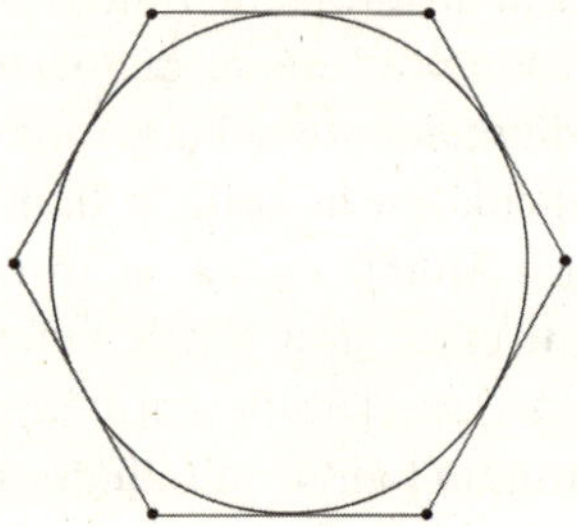

Por lo tanto, concluyó nuestro genio de Siracusa, el valor debe estar entre esos dos valores, los cuales, después de calcular los respectivos perímetros, eran 3 y 3,4641. Es decir, $3 \leq \pi \leq 3{,}4641$. Si tomamos como valor de π la media entre esos dos valores nos quedaría que $\pi = 3{,}2320$.

A continuación, Arquímedes repitió el razonamiento pero con un polígono de doce lados, que se parecía más a la circunferencia que el hexágono.

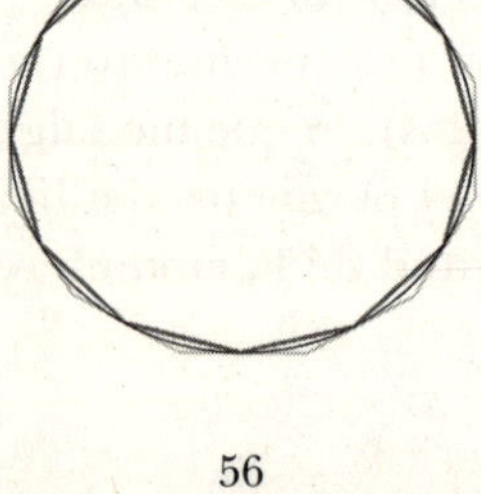

Si calculamos el perímetro del polígono interior y el del polígono exterior y hallamos la media entre ambos, nos daría un valor aproximado para $\pi = 3{,}160609$.

Arquímedes lo repitió con polígonos de veinticuatro, cuarenta y ocho y noventa y seis lados y estimó que el valor de π estaba entre 3,1408 y 3,1418. Ni tan mal, ¿eh? Esta era otra buena ocasión para gritar eureka y salir a bailar desnudo a la calle.

En cualquier caso, lo de salir desnudo del baño puede que no ocurriera nunca. Alrededor de la figura de Arquímedes, como alrededor de todas las figuras de la Antigüedad, hay mucha leyenda mezclada con historia. En el caso de este científico, también se cuenta que cuando los romanos invadieron Siracusa durante la Segunda Guerra Púnica, al mando de Marco Claudio Marcelo, «la espada de Roma», pillaron a Arquímedes resolviendo problemas de geometría en la arena. Y aunque había órdenes expresas de no atacar al sabio, un romano (que no estuvo muy atento a las órdenes) quiso apresarlo para llevarlo ante Marco Claudio. Cuenta la leyenda que Arquímedes le dijo al romano: «No toques mis círculos». Y este sacó su espada y lo mató.

Esta muerte tan romántica puede que no fuera exactamente así, pero así contada fue, y se convirtió, entre otras cosas, en la inspiración para que una muchachita francesa, Sophie Germain, se pusiera a estudiar en el siglo XVIII todas las matemáticas que pudo en la biblioteca de su familia. Quería aprenderlo todo sobre aquella disciplina por la que Arquímedes estuvo dispuesto a morir. A pesar de no tener acceso a la universidad ni a ningún tipo de educación formal, porque era mujer (solo por eso: Sophie era de una familia muy acomodada), se convirtió en la primera mujer matemática que hizo aportaciones originales a esta ciencia, concretamente al estudio de la acústica, la elasticidad y la teoría de números. Aportaciones muy relevantes e influyentes, que le valieron la concesión del Premio de la Academia Francesa de Ciencias.

A mí me gusta referirme a Sophie como la quijota de las matemáticas, una quijota que luchó interponiendo sus ideales a su conveniencia. Una quijota francesa que peleó contra todos los molinos que se le aparecieron en el camino hacia las matemáticas. Molinos que, en su caso, sí eran gigantes.

Sophie nació en París trece años antes de la toma de la Bastilla, en el seno de una familia, como he dicho, acomodada y siendo la segunda de tres hermanas. Como quiera que el ambiente en la ciudad no era muy propicio para estar dando paseítos por la misma, Sophie se refugió en la biblioteca de su padre y se empapó de todos los libros de matemáticas que en ella había. Por supuesto, tuvo que aprender latín y griego para entenderlos. Y lo hizo... por su cuenta. Leyó a los matemáticos más relevantes hasta la época, como Euler, Bézout y Newton, y le impresionaron especialmente Arquímedes y su muerte a manos de un soldado romano mientras resolvía un problema con círculos. Tanto que pensó que si la geometría había fascinado de esa forma al de Siracusa, ella quería saberlo todo de aquella rama de las matemáticas.

Pero solo era una chica que quería estudiar matemáticas. Sus padres se opusieron a ello porque no era apropiado para una dama; le quitaban incluso la calefacción y la iluminación de su cuarto para que no pudiera estudiar por las noches. Aun así, no consiguieron que cesara en su empeño. Sophie siguió devorando textos de matemáticas bajo una manta y con una vela, a escondidas, hasta que finalmente sus padres cedieron. Más o menos. Sin embargo, Sophie no podía, por ser mujer, ingresar en la Escuela Politécnica para cursar estudios en Matemáticas, así que se conformó con estudiarse los apuntes de las clases a cambio de (era la norma) enviar sus conclusiones sobre los temas a la Escuela. Fue así como conoció los trabajos de Lagrange, uno de los grandes matemáticos de la historia, y empezó a intercambiar (por carta) impresiones con él. Eso sí, con un seudónimo masculino, claro: Antoine-Auguste Le Blanc. Este fue su traje de caballero, aunque no andante.

Tan interesantes encontró Lagrange sus reflexiones que la citó a una entrevista, en la que no le quedó más remedio que desvelar su condición femenina. Cosa que no importó a Lagrange, que se ofreció a ayudarla como mentor, ya que ella, por ser mujer, tenía prohibido el acceso a los seminarios de Matemáticas. Sophie siguió en su empeño, continuó carteándose con los matemáticos más influyentes de la época e incluso intercedió ante un general de Napoleón para poner a salvo la vida del mismísimo Gauss, otro gran matemático del que hablaremos largo y tendido en el siguiente capítulo, durante la invasión de Brunswick, su ciudad, por las tropas francesas. Temía que Gauss terminase como lo hizo Arquímedes.

A pesar de sus trabajos en distintas áreas de las matemáticas, Sophie tuvo que sufrir el desprecio y el paternalismo de sus compañeros de la época. No le importó: durante casi cuatro años luchó sin descanso por el premio de la Academia de las Ciencias, hasta que, como he adelantado unas líneas más arriba, lo consiguió, convirtiéndose de esta forma en la primera mujer de la historia en obtenerlo. Eso sí, nunca consiguió un título académico ni un puesto en ninguna universidad.

En 1829 le diagnosticaron cáncer de mama, pero siguió trabajando hasta 1831, cuando este gigante se quitó el disfraz de molino y finalmente la abatió. Sophie no nos dejó ningún algoritmo con su nombre, pero se me vino a la cabeza, cómo no, al hablar de Arquímedes y he querido presentártela, por si no la conocías.

Ha llegado ya el momento de marcharnos de la antigua Grecia. Te espero en el capítulo siguiente, en la Luna.

3

Viaje a la Luna

Nos vamos a la Luna.

Ojalá, pero no. Aún no tenemos agencias de viajes lunares y espero que no las tengamos nunca, porque visto lo que el turismo hace con nuestros rincones favoritos de este planeta, mejor dejar el satélite como está y que nos siga pareciendo hecha de queso en las noches de luna llena. No, no nos vamos a la Luna, pero sí que vamos a continuar nuestro paseo por la historia de los algoritmos fijándonos en algunos de ellos que, o bien nos sirvieron para conocer mejor nuestro universo, o bien fueron fundamentales para nuestra exploración espacial.

Este paseo comienza en Palermo, una fría noche de enero de 1801, en concreto la del 1 de enero de aquel año. Lo de fría me lo he imaginado yo, porque no tenemos registros de temperaturas de esas fechas. Aunque si tenemos en cuenta que Sicilia tiene un clima mediterráneo templado y que el 1 de enero de 2021, doscientos veinte años después, la temperatura mínima registrada fue de 10,2 °C, y le restamos un poco por lo del calentamiento global, tampoco es que fuese una noche tan fría, ¿eh? Pero me sonaba poético.

En busca del planeta perdido

El 1 de enero de 1801, desde el Observatorio de Palermo, fue descubierto el planeta Ceres por Giuseppe Piazzi. Un planeta enano de nuestro sistema solar y el objeto astronómico más grande del cinturón de asteroides, entre Marte y Júpiter.

La historia de este descubrimiento me fascinó desde la primera vez que la leí, por lo que te la tengo que contar sí o sí. A finales del siglo XVI y principios del XVII, a Johannes Kepler, ilustre astrónomo y matemático del Sacro Imperio Romano Germánico, le inquietaba bastante el hecho de que Marte y Júpiter estuvieran tan distantes uno del otro; como que le faltaba algo. Años más tarde, ya en el siglo XVIII, concretamente en 1766, el astrónomo alemán Johann Daniel Titius propuso la siguiente fórmula, conocida como la ley de Titius (aunque, estrictamente hablando, no es una ley): la distancia de cada planeta al Sol en UA (unidades astronómicas, equivalentes a la distancia de la Tierra al Sol) debe ser:

$$a = \frac{n + 4}{10}$$

Donde *a* es lo que mide el semieje mayor de la órbita (la mitad del diámetro de la elipse en la parte más ancha) y *n* toma los valores 0, 3, 6, 12, 24, 48, 96, 192... (a partir del 3, los valores se van duplicando). Esta fórmula fue difundida sobre todo por el astrónomo, también alemán, Johann Elert Bode y por eso es conocida también como la ley de Titius-Bode.

Si se contrastaba la fórmula de Titius-Bode (T-B) con las medidas ya conocidas nos quedaba algo como lo que aparece en la siguiente tabla:

Planeta	n	Distancia T-B	Distancia real
Mercurio	0	0,4	0,39
Venus	3	0,7	0,72
Tierra	6	1	1
Marte	12	1,6	1,52
	24	2,8	
Júpiter	48	5,2	5,2
Saturno	96	10	9,54
	192	19,6	

Efectivamente, parece que Titius estaba en lo cierto porque todo se ajusta bastante bien, pero hay un hueco extraño entre Marte y Júpiter sin rellenar. Todo hacía pensar que entre esos dos planetas se escondía otro que correspondía al valor de $n = 24$ y $a = 2{,}8$.

Esta sospecha, la de la existencia de un cuerpo celeste entre Marte y Júpiter, cobró aún más fuerza cuando, en 1781, William Herschel (o su hermana) descubrió Urano, que estaba a 19,2 UA y la ley de Titius-Bode lo situaba a 19,6 UA. Este descubrimiento, además, parecía confirmar que la fórmula de Titius era correcta y ajustada.

Planeta	n	Distancia T-B	Distancia real
Mercurio	0	0,4	0,39
Venus	3	0,7	0,72
Tierra	6	1	1
Marte	12	1,6	1,52
	24	2,8	
Júpiter	48	5,2	5,2
Saturno	96	10	9,54
Urano	192	19,6	19,2

Los astrónomos de la época se pusieron a buscar al planeta correspondiente a $n = 24$ y, como ya he adelantado, fue Giuseppe Piazzi quien lo descubrió el 1 de enero de 1801 y lo bautizó con el nombre de Ceres, en honor a la diosa romana Ceres (Deméter, en la mitología griega), la deidad de la agricultura, las cosechas y la fecundidad.

Una vez avistado Ceres, fueron siguiendo su trayectoria durante cuarenta días antes de perderse en el resplandor del sol. Pero la posición de Ceres se «perdió» porque los astrónomos no pudieron extrapolar su posición a partir de la pequeña cantidad de datos recopilados. Para hacerlo necesitaban resolver las complejas ecuaciones no lineales de Kepler para órbitas elípticas con datos de menos del 1 % de la órbita total, un desafío matemático que parecía imposible. Así lo afirmó, por ejemplo, el matemático francés Pierre-Simon Laplace, fundador de la teoría de la probabilidad.

Un grupo de veinticuatro ilustres astrónomos formó la Sociedad para la Detección de un Mundo Desaparecido, que se conoció, cariñosamente, como la Policía del Cielo porque estaban encargados de «arrestar» al planeta perdido. El principal problema era que los datos registrados de Ceres eran muy pocos y estaban sujetos a errores, que podían acumularse en mediciones posteriores.

Como el planeta no aparecía, Franz Xaver von Zach, otro ilustre astrónomo alemán, envió los escasos datos recopilados a un matemático en Gotinga, de cuyo ingenio e inteligencia todo el mundo hablaba. Este matemático tenía veinticuatro años y era nada más y nada menos que Carl Friedrich Gauss, a quien en algunos círculos matemáticos lo conocemos como «el Chuck Norris de las matemáticas». Si no has entendido esta referencia popular, tendrás que buscarla en internet, porque habremos caído en una brecha generacional.

Más formalmente, a Gauss se le llamaba «el príncipe de las matemáticas». Pero de su vida y obra te contaré más adelante en este mismo capítulo. Ahora centrémonos en encontrar a Ceres.

Gauss, a partir de los datos recibidos, dio una estimación de la órbita del planeta que no se parecía casi nada a las predicciones hechas por los demás astrónomos ilustres. Como no tenían nada que perder (total, con las predicciones anteriores no habían encontrado a Ceres), se pusieron a mirar hacia donde les dijo Gauss. Muy cerca de donde los cálculos de este habían señalado apareció el 7 de diciembre de 1801 un pequeño punto brillante. Tras observarlo durante todo el mes de diciembre, finalmente el 1 de enero de 1802, un año después de que Piazzi lo viera por primera vez desde Palermo, un astrónomo del grupo creado por Von Zach confirmó que, efectivamente, aquel era el mismísimo Ceres.

Y todo gracias a los cálculos de nuestro querido amigo Gauss. Después veremos cómo lo hizo.

En cuanto a Ceres, el nuevo planeta, pues sí, su distancia al Sol se ajustaba muy bien al valor de 2,8 asignado por la ley de Titius-Bode. En este aspecto, su órbita estaba en perfecta armonía con la disposición de los siete planetas conocidos hasta ese momento. Sin embargo, la inclinación de su órbita era mucho más pronunciada que la de cualquier otro planeta conocido y las mediciones posteriores, realizadas por

William Herschel (o su hermana), llevaron a inferir que su diámetro era solo de 161 millas (unos 259 kilómetros), una cifra extremadamente pequeña en comparación con las dimensiones de los demás. Ceres era muy chiquitito. Ahora sabemos que es un planeta enano que surca nuestro sistema solar formando parte del cinturón de asteroides del mismo, su pandilla sideral.

Por su parte, la fórmula de Titius-Bode, que no estaba fundamentada en ninguna ley física ni matemática, sino en la mera observación de Titius, se desinfló en 1846, una vez que se descubrió Neptuno. Según dicha regla, este nuevo planeta debería situarse aproximadamente a 38,8 UA del Sol, pero al hacer las mediciones se descubrió que orbitaba a unas 30,1 UA, bastante alejado de la posición esperada. A partir de ese momento se confirmó que esta regla no había sido más que una coincidencia numérica, sin fundamento físico sólido. Nada más que una curiosidad histórica. Muy curiosa y muy bonita, eso sí.

Por último, antes de explicar el algoritmo que usó Gauss para determinar la órbita de Ceres, vamos a pararnos un poco en uno de los nombres que han aparecido en esta historia: William Herschel. Herschel fue un astrónomo y músico germano-británico. En realidad, inicialmente era más músico que astrónomo y más germánico que británico, pero en 1757 participó en la guerra de los Siete Años y el espectáculo de muerte y destrucción que tuvo que contemplar le afectaron de tal manera que no volvió a su país natal, sino que se quedó en Inglaterra. Allí siguió estudiando música hasta convertirse en director de orquesta en Bath. El 10 de mayo de 1773, William Herschel compró el libro *Astronomía*, de James Ferguson, y se enamoró para siempre de esta ciencia que miraba al cielo. Trabajando codo a codo con su hermana, Caroline Herschel, que se había ido a vivir con él a Bath en 1772, se convirtió en uno de los astrónomos más reconocidos de su época. De esta forma, terminó siendo más británico y más astrónomo que alemán y músico. William Herschel fue, en 1820, el primer presidente de la Sociedad Astronómica de Londres (Astronomical Society of London), que después se pasaría a llamar la Real Sociedad Astronómica (Royal Astronomical Society o RAS).

Detengámonos un instante en hacer zoom en su estampa familiar y fijémonos en su hermana Caroline, pionera en la astronomía observacional y primera mujer en recibir reconocimiento oficial por su trabajo astronómico. Como ocurre, por lo que sea, con otras científicas, la obra de Caroline no es, en mi opinión, tan conocida como se merece. Haciendo un repaso rápido por sus aportaciones a la astronomía podemos recordar que ella, por su cuenta, descubrió ocho cometas. Ocho. De hecho, fue la primera mujer de la historia en descubrir uno de estos astros. Hizo además importantes contribuciones a la catalogación astronómica, realizando un extenso trabajo de catalogación de estrellas y nebulosas, así como expandiendo significativamente el conocimiento de la época. Y, aunque su trabajo fue reconocido en mayor medida tras su muerte, también en vida fue la primera mujer en recibir la Medalla de Oro de la Real Sociedad Astronómica (RAS) en 1828 y en ser elegida miembro honorario de la misma en 1835. Miembro honorario, ¿eh? Salvo contadas excepciones, hasta 1916 las mujeres no podían ser miembros de la RAS. Pues bien, ese mismo año, con ella, otra mujer fue elegida miembro honorario: su amiga (aunque mucho más joven que ella) y colaboradora Mary Somerville. ¿Te suena este nombre? Eso es. Hemos hablado de ella en el capítulo 1 porque fue la mentora de nuestra Ada Lovelace. Ya ves, todo está conectado. O casi todo.

Ahora sí, descubramos qué algoritmo usó Gauss para calcular con tanta precisión la órbita de Ceres. Para resolver ese desafío matemático que, según Laplace, era imposible de resolver.

En honor a la verdad, este algoritmo no suele aparecer con este nombre en los textos de matemáticas, sino con el de «método de los mínimos cuadrados». Pero, también en honor a la verdad, se trata de un algoritmo. Como dijimos al comienzo de este libro, un algoritmo, en esencia, es una secuencia bien definida de pasos precisos y ordenados que permiten resolver un problema o realizar un cálculo. Pues eso es el algoritmo de los mínimos cuadrados: una secuencia de pasos para realizar un cálculo.

Recapitulando, para conocer la posición del planeta Ceres Gauss contaba con algunos datos: un total de veintidós observaciones que Giuseppe Piazzi había recopilado entre el 1 de enero y el 11 de febrero de 1801, antes de perderlo debido a su proximidad aparente al Sol. El objetivo de Gauss era, pues, encontrar la ecuación de la órbita que correspondiera con dichas observaciones. Simplificando (en pro de la comprensión de la idea subyacente), podemos imaginar que esas veintidós observaciones de Piazzi aportaban solo dos datos sobre Ceres (eran muchos más): el instante en el que se hace la observación, x, y la posición en el cielo del cuerpo celeste, y. Si lo pensamos así, como que cada observación está formada por una pareja de datos, (x, y), y (simplificando aún más) consideramos que esos datos son dos números, podríamos representar esos veintidós puntos en un sistema de coordenadas cartesiano similar al que usábamos cuando jugábamos a los barquitos de pequeños. Por ejemplo, si el dato que tenemos es que en el instante 3 ($x = 3$) el planeta estaba en la posición 2 ($y = 2$), podemos representar esta observación en un sistema coordenado como nos indica la siguiente figura:

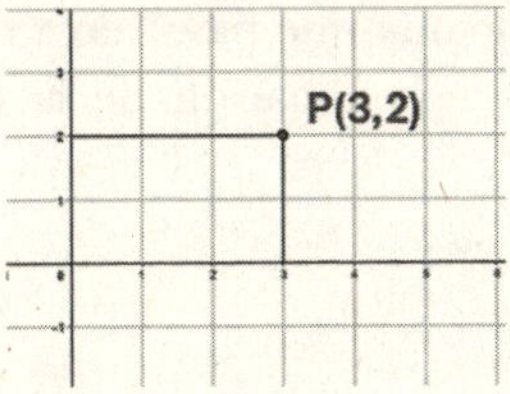

Estoy simplificando en aras de que se entienda, espero, la esencia del método. Los cálculos que tuvo que hacer Gauss fueron mucho más complicados que estos, pero ya los hizo él. Yo me conformo con que, si no has tenido la suerte de estudiar este método o algoritmo, puedas admirar la destreza y brillantez del mismo. Gauss abordó el problema de la órbita durante tres meses, dedicando más de cien horas a realizar cálculos intensivos a mano sin ningún error.

Si dibujamos más datos tendríamos algo parecido a esto, más o menos.

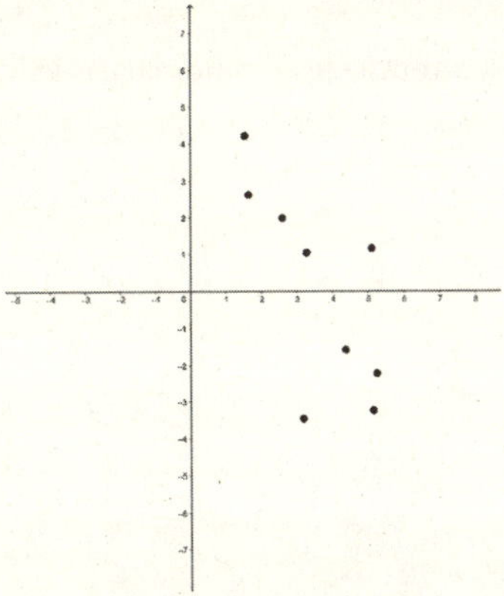

Y lo que buscamos es una elipse que pase por todas esas observaciones, es decir, que sea la órbita de nuestro planeta. Para ello, damos por hecho que las observaciones no son exactas, que tienen pequeños errores (por diversas causas), por lo que no existe una elipse que pase por todos esos puntos a la vez. Está bien, nos conformaremos entonces con encontrar una que pase cerca de estos puntos, que nos servirá como aproximación de la órbita buscada. Por ejemplo, algo así:

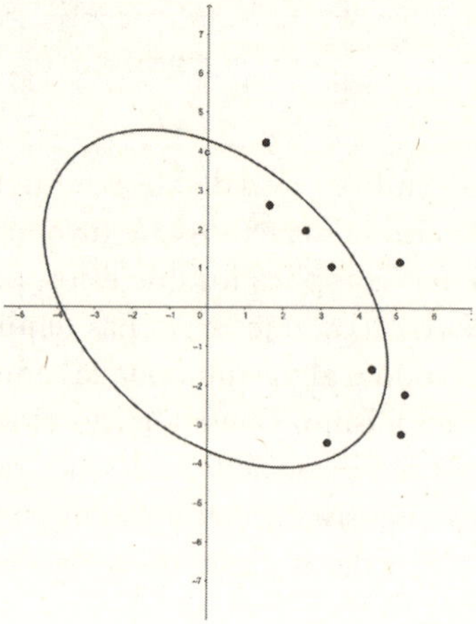

Pero esa no es la única elipse candidata, puede haber muchas.

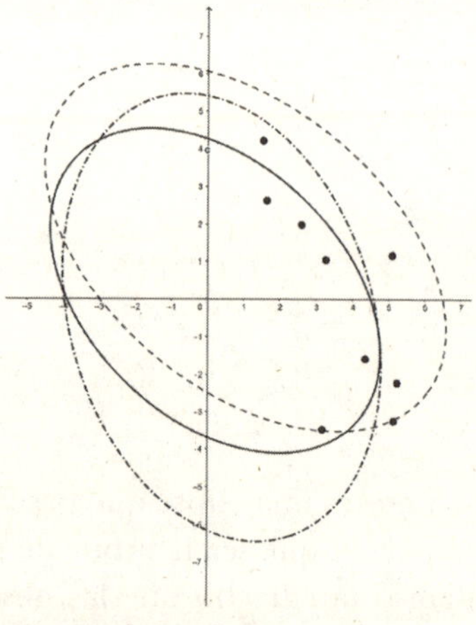

¿Con cuál nos quedamos? O, mejor aún, ¿cuál de todas eligió Gauss para determinar con tanta precisión dónde estaría Ceres al cabo de un año?

Aquí viene lo de los mínimos cuadrados. Lo que hizo Gauss, a grandes rasgos, fue buscar de entre todas las posibles elipses que pasaban cerca de los datos aquella cuya suma de los errores al cuadrado fuera menor. De ahí el nombre del método. Voy a tratar de ilustrarlo con una imagen. Como no existe una elipse que pase por todos los puntos rojos, cada elipse candidata tendrá asociada unos errores que concordarán con las distancias que haya entre los puntos correspondientes a las observaciones y el correspondiente sobre dicha elipse. Etiquetamos los errores en la siguiente figura con e_1, e_2, e_3, e_4, e_5, e_6, e_7, e_8 y e_9.

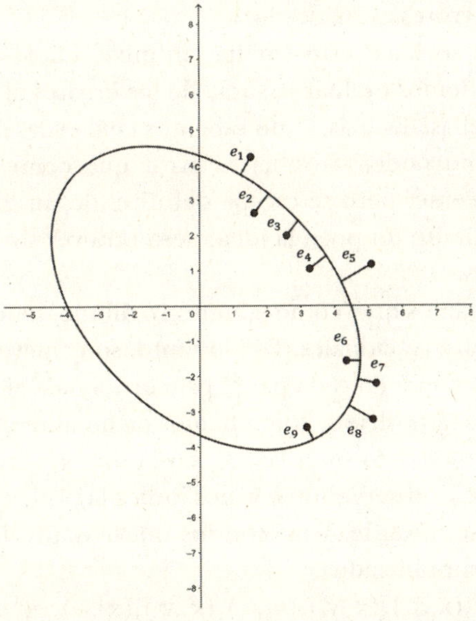

De todas las elipses candidatas (que son infinitas) buscamos aquella que cumpla que esta suma

$$e_1{}^2 + e_2{}^2 + e_3{}^2 + e_4{}^2 + e_5{}^2 + e_6{}^2 + e_7{}^2 + e_8{}^2 + e_9{}^2$$

sea la más pequeña de todas.

¿Por qué consideramos los errores al cuadrado? Porque si hay errores positivos y negativos (nos pasamos o no llegamos), al sumarlos podrían cancelarse entre ellos y desvirtuar la solución, ya que estaríamos pensando que el error total (la suma de errores) es menor de lo que en realidad es. Además, al elevarlos al cuadrado, los errores más pequeños que 1, que normalmente son errores de medida sin mucha trascendencia, se harán aún más pequeños y, por ende, influirán menos. Recuerda que si elevas un número más pequeño que 1 al cuadrado, el resultado es menor.

Busquemos, como he dicho, a la elipse con la menor suma de errores al cuadrado.

¿Cómo se hace esto? Si hay infinitas elipses posibles, ¿cómo podemos evaluar la suma de los errores al cuadrado en todas ellas? Es más, si no sabemos cuál es la elipse solución, ¿cómo podemos saber el error que cometemos? Se puede, créeme, pero se escapa del nivel de un libro como este. Te cuento un poco la idea, pero otra vez sin entrar en los detalles.

Supongamos que, como en nuestro dibujo, tenemos nueve datos observacionales. Por lo tanto, son nueve pares de datos, en los que en cada par el primero señala el instante y el segundo la posición, como hemos dicho antes. Por ejemplo, el primer dato sería (x_1,y_1), en el que x_1 nos indica el instante de la observación e y_1 nos indica la posición del planeta en ese instante. Y así con los nueve datos de nuestro ejemplo (simplificado).

Datos: $\{(x_1,y_1),(x_2,y_2),(x_3,y_3),(x_4,y_4),(x_5,y_5),(x_6,y_6),(x_7,y_7),(x_8,y_8),(x_9,y_9)\}$

Buscamos ahora una elipse (la órbita) que pase por esos nueve puntos. Sin embargo, seguramente no exista, porque los datos no son exactos: hay en ellos pequeños errores debido a distintas causas, por ejemplo, la precisión de los instrumentos de medida.

¿Cómo buscamos entonces esa elipse? Si tenemos en

cuenta que la ecuación general de una elipse es de la forma:

$$A \cdot x^2 + B \cdot y^2 + C \cdot x \cdot y + D \cdot x + E \cdot y + F = 0$$
(Ecuación elipse)

para que dicha elipse pase, por ejemplo, por el primer dato, (x_1,y_1), debe cumplirse la ecuación cuando en la misma sustituyamos *x* por x_1 y sustituyamos *y* por y_1. Es decir, debe cumplirse que:

$$A \cdot x_1{}^2 + B \cdot y_1{}^2 + C \cdot x_1 \cdot y_1 + D \cdot x_1 + E \cdot y_1 + F = 0$$
(Ecuación 1)

Como x_1 e y_1 son datos conocidos, en la anterior ecuación las incógnitas son {A,B,C,D,E,F}. Tendríamos, para el primer dato, una ecuación con seis incógnitas.

Imaginemos, por simplificar, que $(x_1,y_1) = (1,2)$. Al sustituir en la ecuación de la elipse *x* por 1 e *y* por 2, la ecuación 1 quedaría:

$$A \cdot 1^2 + B \cdot 2^2 + C \cdot 1 \cdot 2 + D \cdot 1 + E \cdot 2 + F = 0$$

Es decir,

$$A + 4B + 2\,C + D + 2E + F = 0$$

que, como hemos dicho, es una ecuación con seis incógnitas: {A,B,C,D,E,F}.

Por cada dato que sustituyamos en la ecuación de la elipse, tendríamos una nueva ecuación con esas incógnitas. Como tenemos nueve datos, tendríamos que resolver un sistema de nueve ecuaciones con seis incógnitas, que, además, no tiene solución. Estamos perdidos, ¿no? No, porque la genialidad de nuestro amigo Gauss consiste en que desarrolló un método para resolver el sistema de forma aproximada y, además, demostrar que dicha solución nos daba el valor mínimo para la suma de los errores al cuadrado. De verdad que esto es una genialidad. Además, se contaba con un dato adicional que no hemos comentado y es que, por la primera ley de Kepler, el Sol ha de ser uno de los focos de la elipse. Pero en eso sí que no nos vamos a meter en un libro de divulgación. Aunque si coincidimos alguna vez en el espacio-tiempo, te lo contaré con mucho gusto, o si alguna vez soy tu profesora de Álgebra Numérica en la Universidad de Sevilla.

Mi objetivo al contarte esta versión reducida del método de los mínimos cuadrados es, como ya he dicho unas líneas antes, que, si no conoces estas matemáticas, puedas intuir y saborear la potencia de este algoritmo para encontrar la mejor aproximación, entre infinitas posibilidades, a algo que no sabemos exactamente dónde está. Llevo más de treinta años explicando este método a mis estudiantes y aún se me saltan las lágrimas de emoción cuando lo hago. Y no, no estoy exagerando.

Además de servir para encontrar la órbita de Ceres en 1801, este algoritmo de mínimos cuadrados tiene infinidad de aplicaciones muy importantes en nuestras vidas hoy en día. Es una herramienta fundamental en análisis estadístico y matemático para modelar, analizar y entender datos experimentales. No podríamos comprender actualmente el método científico sin este algoritmo. Su potencia va acompañada, asimismo, de su sencillez, pues es muy fácil de implementar, y de su robustez, ya que es resistente a pequeñas variaciones o errores aleatorios en los datos.

El algoritmo de los mínimos cuadrados es esencial para encontrar relaciones matemáticas entre datos observados en experimentos o encuestas; predecir o estimar valores futuros a partir de datos experimentales; reducir los errores en mediciones, y validar hipótesis científicas mediante análisis estadístico de datos. Esto tiene aplicaciones muy importantes para ti y para mí: en economía, ingeniería, medicina, modelos climáticos... En un montón de situaciones en las que se precisa analizar datos. Y justo nos encontramos en la era de los datos; fíjate entonces si es útil este algoritmo que desarrolló nuestro querido Carl Friedrich.

Gauss anotó en su diario: «Esta primera aplicación del método [de los mínimos cuadrados] [...] restauró la observación del [planeta] fugitivo». Más tarde refinó su método para que fuera tan eficiente que solo requiriera tres datos. Sí, solo tres. Con este refinamiento podía calcular las órbitas completas de los cometas recién descubiertos en una hora, mientras que los métodos más antiguos, como el de Leonhard Euler, por ejemplo, necesitaban tres días de cálculos. Este éxito lo catapultó a la fama en el mundo académico, donde fue nombrado catedrático de Astronomía y director del Observatorio de Gotinga, iniciando así una de las carreras más fructíferas de la historia de la ciencia.

Podría decirse que Gauss fue uno de los primeros científicos de datos del mundo, gracias a su solución a un problema tan «perverso».

Sin embargo, pocos grandes descubrimientos vienen sin controversia. Con base en la evidencia histórica, la primera publicación del método de los mínimos cuadrados se debió al francés Adrien-Marie Legendre en 1805, mientras que Gauss no publicó oficialmente su método hasta 1809, donde afirmó que llevaba usándolo desde 1795. Al parecer, cuando Gauss lo descubrió por primera vez, a los dieciocho años, consideró que el método de los mínimos cuadrados era bastante obvio para cualquier matemático y relativamente intrascendente. Como resultado, no se molestó en publicarlo hasta que, como he dicho, lo incluyó en su libro *Theoria motus corporum coelestium* [Teoría del movimiento de los cuerpos celestes] en 1809.

Estoy segura de que Gauss se enorgullecería si supiera que su método de mínimos cuadrados sigue siendo una piedra angular de la estadística moderna y que se están realizando nuevas e interesantes investigaciones para desarrollar y mejorar esta técnica fundamental dentro de la teoría estadística del aprendizaje automático.

La historia de Gauss es una historia fuera de lo común, comenzando por el hecho de que su familia era humilde y con pocos recursos. En aquella época, como ocurre aún hoy en día en algunos países, el primer filtro que debías pasar para acceder a una educación de calidad era el del dinero. Si eras pobre y no tenías padrino o madrina, no había nada que hacer. Después venía el segundo filtro, el biológico, que se centraba principalmente en el aparato reproductor del aspirante: sin próstata no hay academia.

Afortunadamente para él y para la historia de las matemáticas, Gauss era un hombre, por lo que solo tenía que superar el asunto económico. Y afortunadamente también no murió de infante: cuando, con tres años de edad, se cayó a un canal cerca de su casa, un campesino que pasaba por allí lo rescató, salvando así sin saberlo a uno de los científicos más importantes de la historia de la humanidad.

Carl Friedrich Gauss nació en Brunswick, en el principado de Brunswick-Wolfenbüttel, el 30 de abril de 1777. Como hemos dicho, en el seno de una familia muy humilde. Su padre fue un hombre rudo y dominante, que nunca entendió por qué su hijo tenía que estudiar cuando podía dedicarse a los mismos oficios que él: jardinero o albañil. Afortunadamente, su madre, de carácter más alegre e inquieto, siempre tuvo claro que su hijo era un niño prodigio y puso de su parte todo lo que pudo para que llegara lejos. La inteligencia de Gauss fue reconocida por todos desde muy pequeño, tanto que, posiblemente, conozcas una de las anécdotas más famosas de este matemático, que ocurrió cuando estaba en la escuela primaria. En un artículo, firmado por Brian Hayes y publicado en el número de mayo-junio de 2006 de la revista *American Scientist*, el autor se cuestiona si esta anécdota sería como la cuentan, como la contamos, porque ha encontrado ciento nueve versiones de la misma y varían de unas a otras. Yo creo que algo de verdad tuvo que haber para que aparezca desde la primera biografía de Gauss, la que escribió Wolfgang Sartorius en 1856. Te cuento la versión que más se repite.

Cuentan que cuando tenía siete años (de esto sí que hay versiones diferentes), su maestro en la escuela primaria, Johann Georg Büttner, les puso como tarea en clase que sumaran todos los números (naturales) desde el 1 hasta el 100. Los alumnos se pusieron manos a la obra, pero Gauss, casi inmediatamente, afirmó que el resultado era 5.050. Cuando su maestro le preguntó cómo lo había hecho tan rápido y sin escribir en su pizarrita, él le respondió que se había dado cuenta de que si escribía los números del 1 al 100, el primero más el último, 1+100, sumaban 101. Que si los eliminaba, de nuevo el primero siguiente más el último siguiente, 2+99, sumaban 101. Y así sucesivamente, 3+98, 4+97, etc., siempre sumaban 101. Con lo cual solo tenía que multiplicar 101 por cincuenta veces, que era como multiplicar 101 por 100 y después dividir entre 2 para llegar a 5.050. Fuese o no fuese así la historia, a mí me encanta, siempre me ha encantado, pero sobre todo desde que en una entrevista a la matemática iraní Maryam Mirzakhani, primera mujer de la historia en ganar la medalla Fields de matemáticas, esta explicó que se interesó por esta ciencia el día que su hermano mayor, al volver del instituto, le contó dicha anécdota.

De lo que no hay duda es de que fue aquel maestro quien, al detectar el extraordinario talento de su alumno, se puso en contacto con el duque de Brunswick-Wolfenbüttel para que actuara de mecenas del joven. Y así lo hizo el duque desde 1791, cuando Gauss tenía catorce años. El noble estaba convencido de que una población bien educada era la base del éxito comercial de Brunswick y siempre estaba pendiente de los estudiantes sobresalientes.

Es muy difícil elegir qué pasajes de la vida de Gauss escoger para hacer una pequeña semblanza de su figura en un libro miscelánea como este. Gauss fue, sin duda, uno de los mejores matemáticos de la historia de la humanidad, y pocos dudan de que su mote en el mundillo matemático, «el príncipe de las matemáticas», está muy bien puesto.

En 1796, cuando tenía diecinueve años, encontró el método para construir el heptadecágono regular (polígono regular con diecisiete lados) con regla y compás, con las pautas que ya vimos en el capítulo 2. Durante más de dos mil años, se pensaba que era imposible. Él siempre estuvo muy orgulloso de este hito y, según contaba él mismo, fue este descubrimiento lo que le animó definitivamente a dedicar su vida a las matemáticas. De hecho, Gauss dejó dicho que quería que en su tumba hubiese una inscripción con el polígono de diecisiete lados, pero llegado el momento el artesano que tenía que hacerla dijo que no se iba a distinguir de un círculo (y tenía razón). En su lugar, puso una estrella de diecisiete puntas, que no es lo que Gauss pidió, pero se veía mejor. Coincidiendo con ese hallazgo, la construcción con regla y compás del polígono de diecisiete lados, Gauss comenzó a escribir un diario matemático que mantuvo en secreto. La primera anotación en este diario de diecinueve páginas es del 30 de marzo de 1796, cuando consiguió el heptadecágono, y la última del 9 de julio de 1814. Este diario fue descubierto en 1897 y publicado en 1903 (en alemán) por el matemático Felix Klein.

Gauss fue una persona muy introvertida, perfeccionista y exigente consigo mismo y con sus colegas. Su lema era «*Pauca sed matura*» («Poco, pero maduro») porque su perfeccionismo lo llevó a publicar menos resultados de los que realmente descubrió.

No quiero terminar esta minisemblanza de Gauss sin volver a traer a estas páginas el nombre de mi admirada Sophie Germain. Ya te conté en el capítulo 2 que Sophie intercedió ante un general de Napoleón para poner a salvo la vida del matemático durante la invasión de Brunswick, su ciudad, por las tropas francesas. Temía que Gauss terminase como lo hizo Arquímedes. Antes de esto, Sophie ya había mantenido correspondencia con él, comentando y discutiendo resultados matemáticos. Eso sí, como hizo con Lagrange, ella firmaba sus cartas como Antoine-Auguste Le Blanc, ya que, como hemos visto, a las mujeres no les estaba permitido la abstracción matemática. Por eso, cuando Gauss fue informado de que una dama, Sophie Germain, había intercedido para ponerlo a salvo, se quedó perplejo al descubrir que era en realidad el señor Le Blanc. En la carta que el alemán le escribió como agradecimiento se podía leer:

> El gusto por las ciencias abstractas en general, y sobre todo por los misterios de los números, es ciertamente poco frecuente. Esto no es sorprendente; los encantos encantadores de esta sublime ciencia se revelan solo a aquellos que tienen el coraje de profundizar en ella. Pero cuando una mujer, que según nuestras costumbres y prejuicios debe enfrentar dificultades infinitamente mayores que los hombres, consigue superar estos obstáculos y penetrar en lo más profundo de ellos, debe tener indudablemente un valor excepcional, el talento más noble y un genio extraordinario.

Y A LA LUNA, ¿CUÁNDO?

Si bien este capítulo ha empezado con la aventura de encontrar el planeta furtivo Ceres y de cantar alabanzas (bien merecidas) a Gauss por sus métodos para encontrarlo, el título del mismo nos habla de un viaje a la Luna y eso, en la época de Gauss, no estaba en los planes ni de los más descerebrados. Creo. Es cierto que, mucho antes, Johannes Kepler, en su novela *Somnium* [El sueño], publicada póstumamente en 1634, ya imaginó un viaje a la Luna describiendo científicamente las condiciones de la travesía espacial y las características de la superficie lunar. Y que Julio Verne, en 1865, publicó *De la Tierra a la Luna*, describiendo cómo podría realizarse un viaje a este satélite utilizando un gigantesco cañón para lanzar una cápsula. Pero no nos queda más remedio que dar un salto temporal hasta la segunda mitad del siglo XX para encontrarnos con el desarrollo real de la exploración espacial. El ser humano se había empeñado en abandonar la atmósfera y llegar al espacio exterior y, como siempre que emprendemos una gran aventura, se hicieron necesarias más y nuevas matemáticas.

¿Nuevas matemáticas? ¿Por qué o para qué? Pues, mira, para empezar, porque cuando lanzamos un artefacto metálico fuera de la atmósfera, no nos sirve cualquier órbita (no todas son estables). Y porque calcular la ruta que debe seguir una nave espacial es un problema bien complejo, ya que, para empezar, la variación de peso entre lo que queremos poner en órbita y el aparataje que necesitamos para el lanzamiento es muy grande. En los demás medios de transporte que utilizamos (coches, barcos, aviones) no se produce este cambio tan brusco. El coche sale de *A* entero y se espera que llegue con todas sus piececitas a *B*, siendo la única variación el peso del combustible consumido durante el trayecto, que es poco comparado con el peso total del vehículo. No queda bonito ir soltando trozos de coche por el camino. En el caso de las aeronaves, sin embargo, la variación de masa debida al consumo de combustible es tremenda. La cantidad de combustible consumido, que supone el mayor peso en los primeros momentos, es enorme en todo el proceso, pero, sobre todo, en sus instantes iniciales.

Es esa variación de la masa la que hace que el diseño de una trayectoria no se corresponda con un clásico proyectil, que solo recibe un impulso inicial y en el que la masa permanece estable durante todo su recorrido. El problema del trayecto del proyectil era bien conocido desde la introducción del cálculo infinitesimal en la segunda mitad del siglo XVII por Isaac Newton y Gottfried Wilhelm Leibniz (menuda bronca tuvieron estos dos, por cierto). Pero, en el caso de los viajes espaciales, no son conocidas las soluciones de las ecuaciones que se necesitan resolver. ¿Cómo lo hacemos entonces? Diseñando algoritmos que nos permitan encontrar buenas aproximaciones a esas soluciones (que no conocemos), suficientemente válidas para que sean factibles los lanzamientos y puesta en órbita de los satélites artificiales.

Este tipo de problemas, entre otros, unidos a la aparición de las primeras computadoras, propiciaron el nacimiento de una nueva disciplina dentro de las matemáticas: el cálculo numérico. Eso sí, aunque el cálculo numérico como campo independiente surge a finales del siglo XIX y principios del XX, el algoritmo de los babilonios para el cálculo de raíces cuadradas, el algoritmo de Arquímedes para el cálculo de π o el de los mínimos cuadrados de Gauss pueden considerarse también algoritmos dentro de esta disciplina. No obstante, fue el desarrollo de las primeras computadoras electrónicas (años 1940-1950) lo que marcó un antes y un después definitivo en el nacimiento y consolidación del cálculo numérico moderno.

La esencia y el sabor del cálculo numérico son, básicamente, los que ya hemos respirado en los algoritmos que he mencionado en el párrafo anterior y que podríamos resumir como un acercamiento a la solución, paso a paso, con seguridad y rigor. Las soluciones obtenidas con esta rama de las matemáticas no son casi nunca las soluciones exactas, pero, mira que te diga, no nos va mal. Podemos predecir el clima con cierta precisión (a pesar del comportamiento caótico del mismo y la crisis climática), diseñamos puentes, viajamos en coches y aviones, podemos simular cómo reacciona el cuerpo humano a tratamientos o anticipar tendencias económicas y riesgos financieros... Muchas de las cosas importantes que hacemos usan algoritmos de aproximación, sin alcanzar nunca soluciones exactas.

En el caso del cálculo de una órbita para un artefacto espacial, aunque no sepamos encontrar la solución exacta de la ecuación, si somos capaces de aproximar con la suficiente exactitud los valores que va a ir tomando la curva que la describe, desde un punto de vista práctico puede ser suficiente para que podamos usarla. Una vez en órbita, una desviación de varios milímetros con respecto a la elipse deseada no suele tener trascendencia.

Evidentemente, como hemos dicho, el desarrollo de los métodos del cálculo numérico va muy de la mano de las construcciones de los primeros ordenadores, pero estos no tenían, en un primer momento, la potencia necesaria para resolver los problemas que la aeronáutica planteaba. La solución fue recurrir a calculadoras... a calculadoras humanas: mujeres que realizaban miles de operaciones (asistidas, eso sí, por calculadoras mecánicas). Si has visto la película de 2016 *Figuras ocultas* o leído el libro homónimo, de Margot Lee Shetterly, estoy segura de que se te han venido a la cabeza tres nombres: Katherine G. Johnson, Dorothy Vaughan y Mary Jackson. Me da mucha pena que al traducir el título de esta película al castellano se pierda el juego de palabras que esconde el título original: en inglés, *figure* es figura pero también número, que es lo que estas tres mujeres, entre otras muchas, buscaban. Ellas fueron tres de las calculadoras humanas cuyos cálculos permitieron el lanzamiento de los primeros satélites de la NASA. Las tres tuvieron una brillante trayectoria llena de dificultades, como te puedes imaginar, porque no solo eran mujeres en un mundo de hombres, sino que además eran mujeres negras en un país, Estados Unidos, en el que el racismo campaba a sus anchas.

Le pidieron la luna a Katherine Johnson y ella se la dio

El trabajo de Katherine Johnson fue más allá de la simple realización y comprobación de los cálculos de los ingenieros blancos. Como resumía en el obituario que escribió para ella Margalit Fox, en el *New York Times*: «Le pidieron la luna a Katherine Johnson y ella se la dio». Añade Fox que lo hizo «empuñando poco más que un lápiz, una regla de cálculo y una de las mentes matemáticas más brillantes del país». Y, aunque los obituarios pueden ser, en ocasiones, exagerados, el de Katherine Johnson no creo que lo fuera.

Lo que sabemos de aquella chica que se llamó Katherine Coleman al nacer (Johnson era el apellido de su segundo marido) es que desde muy muy pequeña estaba fascinada y obsesionada con los números y las matemáticas. Y aunque ser mujer y negra no eran una buena carta para ser científica en aquella época, tuvo la suerte de tener unos padres, Joylette (maestra) y Joshua (principalmente, agricultor), para los que la educación de sus cuatro hijos era de vital importancia. Fueron conscientes del talento especial de Katherine desde que ella era muy joven e hicieron todo lo posible por estimularlo y por que consiguiera todas las metas que estuvieran a su alcance.

Katherine ingresó en la universidad con solo quince años. Fue en la West Virginia State College, una HBCU, como la llaman en Estados Unidos, por las siglas en inglés de Historically Black Colleges and Universities, es decir, universidades históricamente para negros. Se graduó tres años más tarde en Matemáticas y Francés: dos títulos universitarios en tres años. De hecho, ella misma contaba que aprendió a hablar francés con fluidez durante un verano, trabajando con su familia en un hotel de lujo, The Greenbrier. Katherine, que se encargaba de planchar la ropa de los ilustres huéspedes, quiso aprender a hablar aquel idioma, con la buena suerte de que uno de los cocineros era francés y le enseñaba en los ratos libres. Este hotel, por cierto, saltó a las primeras planas de los diarios estadounidenses en 1992, cuando se desveló que desde la década de los años cincuenta escondía bajo una de sus alas un búnker antinuclear con capacidad para albergar a todo el Congreso, es decir, para más de mil personas. No tiene nada que ver con la historia de Katherine, pero lo descubrí documentándome para este libro y me pareció muy curioso cómo se puede ocultar una mole de esas dimensiones durante más de treinta años. Por otra parte, y haciendo las cuentas (ya que esto es un libro de matemáticas), si Washington D. C. está a unos cuatrocientos kilómetros del búnker, ante un ataque nuclear no llega ninguno vivo, ¿no?

Seguimos con Katherine. Durante sus años en la universidad dos profesores fueron muy importantes para ella: por una parte, Angie Turner King, que la animaba constantemente a dedicar su vida a las matemáticas; por otra, y muy especialmente, su profesor William Claytor, que llegó a crear asignaturas de geometría analítica avanzada solo para Katherine, para poder estimular y aprovechar todo el talento de esta mente tan prodigiosa. Supongo que el profesor Claytor no podía ni imaginar que los conocimientos sobre geometría analítica que su alumna adquirió entonces serían en un futuro fundamentales para su trabajo en la NASA.

Y hablando de William Claytor, también podemos afirmar que fue una figura muy importante en matemáticas, y muy oculta, en su caso, solo por el color de su piel. Por ilustrar su relevancia con un dato, su tesis doctoral (de 1934) aún se seguía citando en 2011 por matemáticos tan reconocidos como Carsten Thomassen. Fuera como fuera, el empeño de Claytor en que Katherine fuera investigadora no prosperó porque ella se casó en 1939 y tuvo tres hijas.

Sin embargo, durante una comida familiar, en 1952, se enteró de que el NACA, el Comité Asesor Nacional de Aeronáutica, precursor de la NASA, estaba buscando «calculadoras» negras para trabajar en el Centro de Investigación de Langley. Katherine consiguió un puesto de calculadora en 1953 y dos semanas después de empezar a trabajar fue reclutada para unirse al grupo de ingenieros involucrados en algo nuevo, denominado Grupo de Trabajo Espacial. Según contaba ella, fueron a buscar refuerzos al grupo de las calculadoras negras porque se les exigían muchos más méritos que a las calculadoras blancas para trabajar en Langley, por lo que sería más fácil encontrar a alguien con conocimientos avanzados en matemáticas. Y así fue. Se encontraron con Katherine Johnson, una mente privilegiada que había estudiado geometría analítica avanzada. A partir de ese momento, se convirtió en una pieza insustituible en el grupo de trabajo.

Katherine hizo gran parte de los cálculos para las trayectorias de la nave que llevó a Alan Shepard a ser el primer norteamericano en el espacio en 1961. En 1962, mientras la NASA se preparaba para la misión orbital de John Glenn, a Katherine se le encargó el trabajo por el que se haría más conocida: revisar a mano todos los cálculos que habían hecho los ordenadores IBM que ya tenía la NASA. El propio Glenn dijo que no se atrevía a poner su vida en manos de una calculadora electrónica, que no subiría si «la chica» no revisaba los cálculos. Sí, la chica era nuestra Katherine. Y sí, el vuelo de Glenn fue un éxito.

Así empezó una carrera de treinta y tres años de servicio en Langley, la cual incluyó el cálculo de trayectorias, ventanas de lanzamiento, rutas de retorno de emergencia y trayectorias de encuentro para el módulo lunar Apolo y módulo de mando en vuelos a la Luna. Katherine se retiró de la NASA en 1986, afirmando que le encantaba ir a trabajar todos los días. Como a mí.

Katherine Johnson murió el 24 de febrero de 2020, a los ciento un años. Lo recuerdo perfectamente porque le dediqué la última charla de divulgación que di antes de que ocurriera *todo lo malo*. Fue el 4 de marzo de 2020 en el Bulebar Café, en Sevilla. Aunque ya se hablaba del COVID-19 a todas horas, creo que ninguno de los que allí estábamos despidiendo a Katherine nos esperábamos que diez días después el mundo entero estaría en cuarentena.

Farewell, Katherine.

Desde que, en 1959, la NASA instalara las computadoras IBM 704 en el Langley Research Center, las calculadoras de Langley, independientemente de su color de piel, tenían los días contados en el mal sentido de la palabra. Y en ese momento, otra de las figuras ocultas, Dorothy J. Vaughan, que fue también la supervisora de Katherine Johnson durante las dos semanas que estuvo en el grupo de calculadoras, dio un paso decidido al frente y se convirtió en una de las primeras programadoras de la historia. Ella y todas las compañeras a las que enseñó a programar en la NASA.

Es curioso y, sobre todo, triste, que gracias a la labor de pioneras como Katherine Johnson, Dorothy J. Vaughan y muchas otras, hasta bien entrada la década de los años setenta del pasado siglo, el manejo de ordenadores y su programación fuera considerado una labor femenina. Suena casi a justicia poética, si tenemos en cuenta que, como contamos en el capítulo 1 de este libro, la primera persona que escribió un algoritmo para una máquina también fue una mujer, nuestra querida Ada Lovelace. Pero, como he dicho, es curioso y triste porque en la actualidad, mientras tecleo estas palabras, en las universidades españolas el porcentaje de mujeres matriculadas en los grados de Informática rara vez supera el 20 %, con lo que ello supone de peligroso en la época de la inteligencia artificial. Hablaremos de esto más adelante.

Los algoritmos, como hemos visto en este libro y como seguiremos viendo, han existido casi desde el principio de los tiempos. Su origen y su historia temprana no están vinculados ni mucho menos a la informática, pero es evidente que, en la actualidad, cualquier algoritmo que diseñemos para resolver un problema científico estará pensado para ser ejecutado en un ordenador. Esto implica traducir los pasos de nuestro algoritmo a un lenguaje que entienda la máquina, a un lenguaje de programación. A este proceso se le conoce como «implementación del algoritmo» y hacerlo bien es tan importante como disponer de una buena máquina. Y de todo esto sabía mucho nuestra próxima protagonista.

La ingeniera de *software*

Por seguir en la carrera espacial, una de las líderes del *software* que llevaba el Apolo XI para su alunizaje era la matemática del MIT Margaret Hamilton. Margaret es, sin duda, una de las personas más influyentes de la historia del *software*, el cerebro que pone en marcha a la máquina, el *hardware*.

De hecho, Margaret fue la persona que acuñó el término «ingeniería de *software*» porque, según cuenta ella, los demás ingenieros no se tomaban en serio el trabajo de los programadores, cuando, en realidad, este era tan importante como el de los constructores de los ordenadores o de las cápsulas espaciales.

Margaret Hamilton nació en Paoli, Indiana, en agosto de 1936. Su madre era profesora de instituto y su padre profesor universitario de Filosofía, Inglés y Poesía. Ella contaría después que esto último, que su padre fuera poeta, fue lo que la animó a estudiar matemáticas y filosofía a la vez, cosa que cada día que pasa me parece más necesaria. Si los algoritmos están cada vez más presentes en nuestras vidas y controlan cada día más cosas, no está de más que los matemáticos y las matemáticas que los diseñen tengan formación filosófica y ética. Al fin y al cabo, programan máquinas para el bien de los humanos. De todos. Y de todas.

Margaret, que mientras escribo esto tiene ochenta y ocho años, fue una joven muy activa: cantaba en un coro, tocaba en una banda, montaba a caballo y le encantaba bailar (bueno, supongo que le sigue gustando, pues eso no cambia con los años). De pequeña, lo que más le atraía de las matemáticas eran las cosas abstractas y las deducciones; cómo unas cosas te llevan a otras. Le gustaba deducir las cosas sin tener que memorizarlas. En mi opinión, es lo más emocionante y sexi de esta disciplina.

Estudió Matemáticas con especialización en Filosofía en el Earlham College, en Indiana. Allí conoció a la profesora Florence Long, directora del Departamento de Matemáticas, que fue su inspiración. Margaret cuenta en sus entrevistas que en casi todas las clases de matemáticas ella era la única chica. Tenía pensado doctorarse en Matemáticas cuando se graduara, pero se casó y tuvo una hija. Su marido ingresó en la Escuela de Derecho de Harvard y ella buscó trabajo para mantener a la familia; lo encontró nada más y nada menos que en el prestigioso Instituto Tecnológico de Massachusetts (el MIT) y nada más y nada menos que como asistente del mismísimo Edward N. Lorenz. Lorenz fue un matemático pionero de la teoría del caos y creador del concepto del efecto mariposa; sus trabajos revolucionaron la meteorología al demostrar la sensibilidad extrema de fenómenos como el clima a pequeños cambios en las condiciones iniciales. De ahí la metáfora con la que se explica el efecto mariposa: «El aleteo de una mariposa en Japón puede provocar un tornado en Texas».

En el MIT, junto a Lorenz, fue cuando Margaret aprendió a programar, en la famosa LGP-30. Esta era la computadora que Lorenz usaba para hacer las previsiones meteorológicas y que solo sabían manejar Margaret y él.

En 1961 se trasladó al Laboratorio Lincoln (también en el MIT) porque el sueldo era mejor: vio el anuncio en el que buscaban programadores y llamó. El entrevistador, sorprendido, le contó que era la única mujer que había llamado; que él, normalmente, hacía las entrevistas en su habitación de hotel, pero que, en su caso, se verían en el bar del mismo. Consiguió el empleo. Allí estuvo trabajando en el primer sistema de defensa aérea estadounidense: Margaret desarrolló e implementó el algoritmo para la identificación de aeronaves enemigas. Ya en 1963 se incorporó al Laboratorio de Instrumentación del MIT, que era el que proporcionaba tecnología aeronáutica a la NASA. Cuenta Margaret que en la entrevista le preguntaron cuánto sabía de las matemáticas que se usaban en astronáutica. «Absolutamente nada», respondió. Aun así quedaron impresionados por su trayectoria y consiguió el puesto. Lideró el equipo encargado del desarrollo del *software* para los sistemas de guía y control de los módulos lunares y de comando en vuelo de las misiones Apolo. En aquella época, en las universidades, no se enseñaba ingeniería de *software*: los programadores debían resolver los problemas por su cuenta. Fue entonces cuando nuestra Margaret acuñó el término «ingeniería de *software*» para reivindicar que el trabajo que ella y su equipo realizaban era tan importante y complejo como el resto de las tareas. Era esencial que, en caso de error, la computadora pudiera corregirlo *in situ* y de inmediato. A eso se dedicó Margaret en la misión Apolo: a diseñar el protocolo para la detección y corrección de errores de *software* o *hardware.*

En la misión Apolo 11, justo antes de decidir si alunizar, se lanzó un aviso: la computadora se había saturado. Sin embargo, los sistemas de detección de errores diseñados por Margaret y su equipo funcionaron perfectamente, lo que hizo posible el pequeño paso para el hombre y el gran salto para la humanidad.

4

Cantando bajo la lluvia

Me encanta cantar. Y canto mucho, muchísimo. Tengo una manía, desde chiquitita, que me cuesta reprimir, que consiste en cantar canciones cuya letra tiene que ver con alguna expresión o palabra que mi interlocutor acaba de usar. Por ejemplo, si me empiezas a hablar de tu gato, instintivamente empezaré a tararear «el gato que está en nuestro cielo...». Así soy yo. Y así hay que quererme. De hecho, cuando era pequeña quería ser cantante. Primero como Lola Flores y más tarde como Madonna. Pero, afortunadamente, no cantaba muy bien y pude encontrar mi verdadera pasión en la Facultad de Matemáticas de la Universidad de Sevilla.

Que la música es pura matemática ya lo decían Pitágoras y sus seguidores. De hecho, fueron los pitagóricos los que descubrieron que los intervalos musicales que consideramos armoniosos se pueden expresar mediante simples proporciones de números enteros aplicadas a la longitud de cuerdas vibrantes: la octava (2:1), la cuarta justa (3:2), la tercera justa (4:3)... Como diría unos siglos más tarde Gottfried Leibniz, ilustre matemático alemán: «La música es el placer que experimenta la mente humana al contar sin darse cuenta de que está contando» o «La música es un ejercicio inconsciente de aritmética». Puedes encontrar la idea de Leibniz en varias versiones, todas ellas preciosas.

Pero aunque la música sea pura matemática, este capítulo no va de eso, sino de las matemáticas que han hecho y hacen posible que podamos escuchar buena música en nuestros dispositivos digitales o arreglar esos gallos o desafinados de algún cantante a la hora de editar su disco. Hoy hemos venido a hablar de uno de los algoritmos más importantes de nuestra vida. Te va a en-cantar.

Las ondas de tu vida

La música son sonidos y los sonidos son ondas que se propagan por el aire o por cualquier medio material. Dentro de la familia de las ondas hay unas muy especiales (y muy monas) que se llaman ondas armónicas. Si has estudiado alguna vez las funciones trigonométricas, te cuento que las ondas armónicas son curvas de senos y cosenos. Pero si nunca las has aprendido, te cuento que para poder identificar si una onda es armónica o no, necesitamos conocer dos características en ella: la frecuencia y la amplitud. La frecuencia de una onda es el número de veces que se repite un ciclo de la misma en un segundo. Se mide en hercios (Hz). O, más informalmente, el número de picos que hace la onda en un segundo. Por ejemplo, esta onda de aquí tiene una frecuencia de 3 Hz porque tiene tres picos en un segundo.

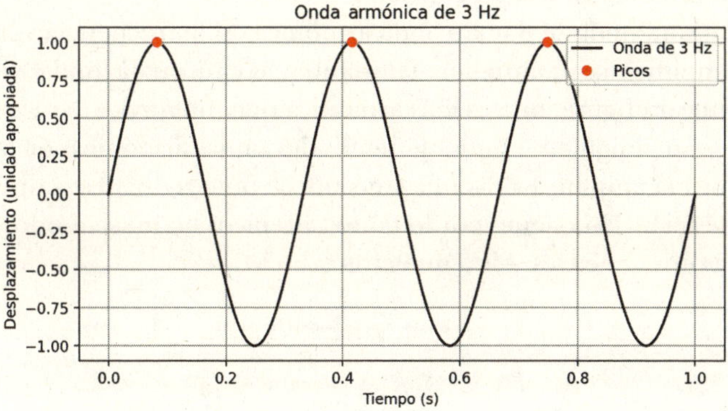

Cuando son ondas de sonido, la frecuencia determina el tono: frecuencias altas suenan agudas y frecuencias bajas, con pocos picos, suenan graves. Si las ondas son de luz, la frecuencia está relacionada con el color: las de menor frecuencia son las del rojo y las de mayor frecuencia corresponden al violeta. De las que podemos percibir los humanos, claro.

La amplitud de una onda es la altura máxima de la onda respecto a la posición de equilibrio que hemos marcado en la figura anterior con el 0. La onda de nuestra anterior figura tiene amplitud 1 en las unidades apropiadas.

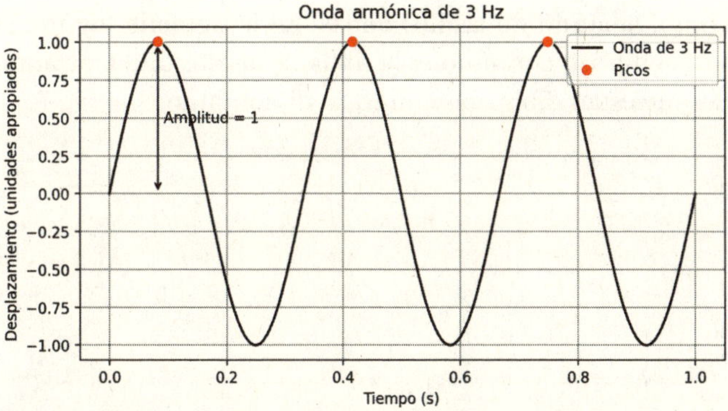

La amplitud de las ondas de sonido está relacionada con el volumen (a más amplitud, más volumen), y las ondas de luz con la intensidad o brillo.

Una onda se llama «onda armónica» si la frecuencia y la amplitud se mantienen constantes, como en la onda de nuestra figura, que es más armónica que ninguna.

En la siguiente figura tenemos dos ondas armónicas de la misma amplitud y distinta frecuencia: una es de 3 Hz y otra de 6 Hz. Una tiene, por lo tanto, seis picos en un segundo y la otra tiene tres. Mira qué monas.

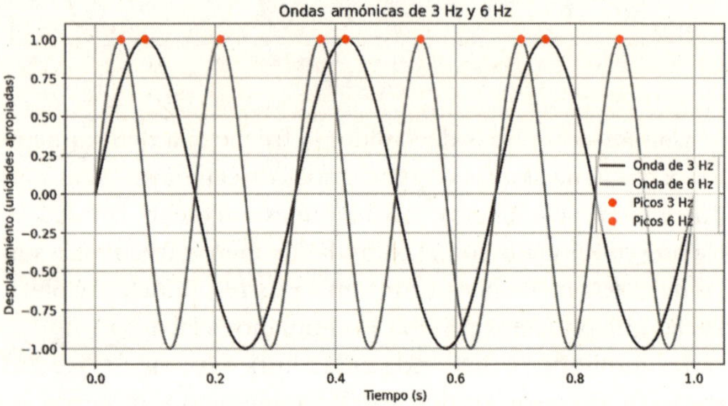

Las ondas son objetos matemáticos que se pueden sumar y, de hecho, es muy fácil hacerlo. Basta con sumar, en cada punto, la altura de las dos ondas. En la siguiente figura, la onda en trazo continuo es la suma de las dos ondas armónicas que están dibujadas con trazo discontinuo.

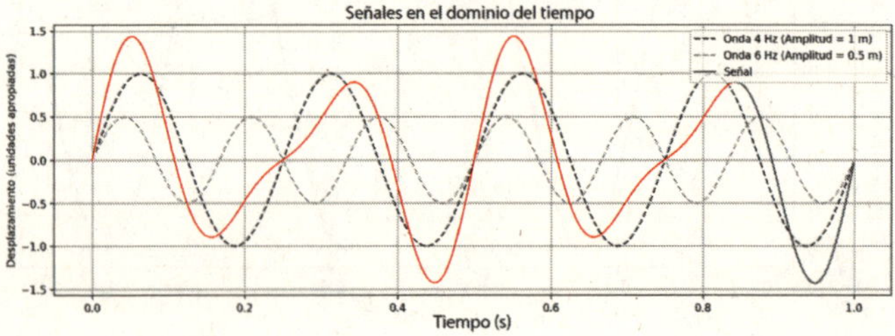

Pero las ondas de tu canción favorita no son ondas tan sencillitas, no son ondas armónicas en las que se mantienen constantes la amplitud y la frecuencia, sino que tienen un aspecto parecido a esta otra.

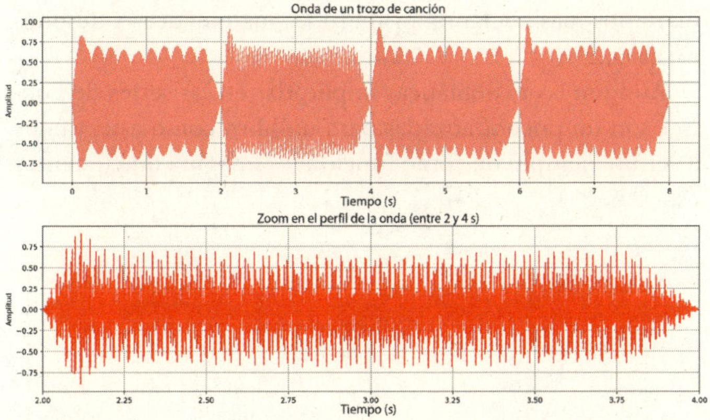

Una onda muy bonita, sí, pero mucho más complicada. Si bien sumar ondas es fácil, dada una onda no armónica, como la de una canción, encontrar las ondas armónicas que la componen (es decir, que al sumarse nos darían la canción) es un poco más complicado. La buena noticia es que allá por 1807, un matemático francés, mi adorado Joseph Fourier, presentó un ensayo titulado *Memoria sobre la propagación del calor en cuerpos sólidos*, en el que nos enseñaba a descomponer ondas como las de tu canción favorita, ondas que no eran armónicas, en suma de ondas que sí lo son. Hablando informalmente, nos enseñaba a descomponer las señales más complicadas en las ondas que la componían. Algo así como separar los ladrillos más pequeños con los que construir cualquier señal, como encontrar el ADN de la onda, su expresión en trocitos.

A esta descomposición de una onda en suma de ondas armónicas le llamamos «desarrollo en serie de Fourier». Lo que nos enseñó Fourier es a descomponer cualquier señal en suma de senos y cosenos. Cualquier señal, incluso las que no eran continuas, que venían a trozos. Esto fue lo que les chirrió a los ilustres miembros de la Academia de Ciencias de París y por ello no aceptaron la herramienta como se merecía, con fanfarria y fuegos artificiales. Pero de esto hablaremos más adelante: primero las matemáticas y después el salseo.

Aunque las matemáticas implicadas en las series de Fourier son un poco avanzadas para un libro como este, vamos a ver un ejemplo de cómo funcionan. Imagina que tenemos esta señal:

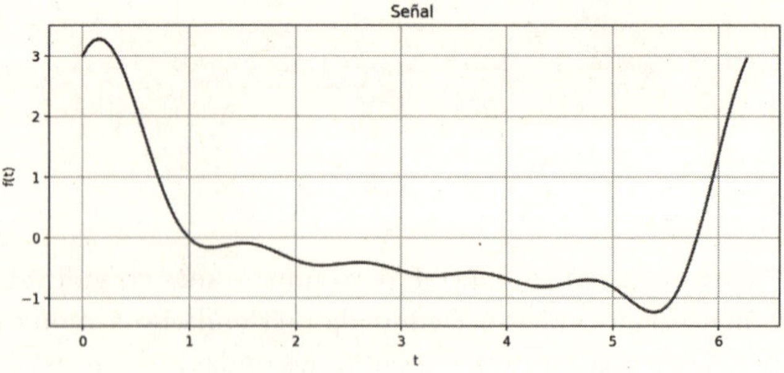

Usando las ecuaciones que propuso Fourier y calculando algunas integrales podemos expresar esta señal como una suma infinita de curvas de senos y cosenos. Pero, tranquilidad, no hace falta que las usemos todas. De hecho, nunca se usan todas, claro, porque los ordenadores no manejan cantidades infinitas. Elegimos, empezando desde el principio, con cuántas de esas infinitas curvas nos queremos quedar cuando nos demos por satisfechos con la aproximación.

Por ejemplo, si calculo solo las dos primeras ondas de la serie infinita y las sumo, me quedaría lo siguiente:

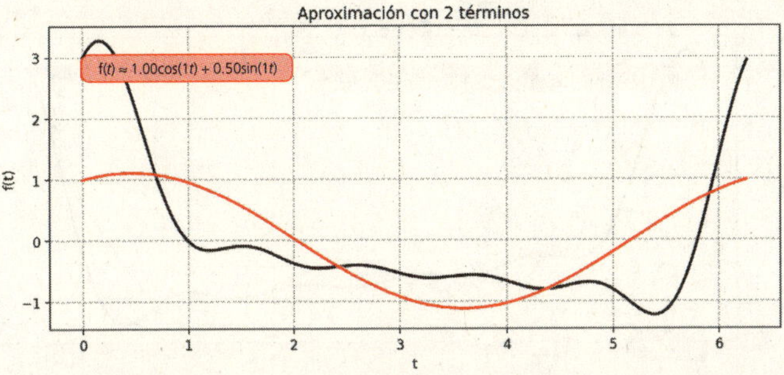

No se parece mucho a la señal original (que está en negro), lo sé, pero es que solo hemos usado dos de las infinitas curvas que intervienen en esta, las dos primeras de la serie. Después usaremos más ondas para ir aproximando nuestra señal original. Ahora quiero que te fijes en la fórmula que aparece en el recuadro de la imagen anterior, siendo «cos» el coseno y «sen» el seno (en la imagen aparece *sin(t)* porque el programa lo escribe en inglés).

$$\mathbf{1} \cdot \cos(1 \cdot t) + \mathbf{0{,}50} \cdot \text{sen}(1 \cdot t)$$

Significa que las ondas que hemos sumado para dar esa aproximación (un poco birria aún) de la señal son la onda de la función *cos(t)* multiplicada por 1 más la onda de la función *sen(t)* multiplicada por 0,5, o sea, con la mitad de su amplitud. Bien. Lo que quiero que sepas es que si yo le envío a alguien esos dos coeficientes (1 y 0,5) y le digo que son coeficientes de Fourier, mi interlocutor sabrá inmediatamente que me refiero a la señal que se obtiene al sumar 1 vez el *cos(t)* más 0,5 por el *sen(t)*. No le tengo que enviar un archivo de imagen, que ocupa más espacio, solo los coeficientes de Fourier y podrá reconstruir la información. Alucinante, ¿verdad?

Como con dos términos de la serie de Fourier nos ha quedado algo un poco birria, vamos a usar ahora cuatro términos. A ver si se parece más a la señal original.

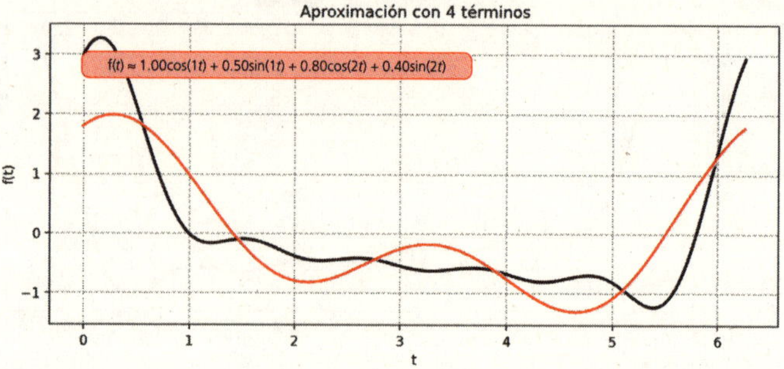

Un poco mejor, ¿no? Ya tenemos cuatro coeficientes de Fourier, los que aparecen en la fórmula del recuadro en la imagen:

$$\mathbf{1} \cdot \cos(1t) + \mathbf{0{,}5} \cdot \text{sen}(1t) + \mathbf{0{,}8} \cdot \cos(2t) + \mathbf{0{,}4} \cdot \text{sen}(2t)$$

De nuevo, si yo le envío a alguien solo esos cuatro números (**1**; **0,5**; **0,8**; **0,4**), podrá reconstruir la curva de la imagen anterior si conoce la fórmula de Fourier, pues sabrá que debe multiplicar 1 por la curva de *cos(1t)*, 0,5 por la curva del *sen(1t)*, 0,8 por la curva del *cos(2t)*, 0,4 por la curva del *sen(2t)* y sumar las cuatro. Te das cuenta de lo importante que es esto en la era digital, ¿verdad? Por muy complicada que sea la señal, puede transmitirse usando solo una lista de números. Podríamos decir que las series de Fourier nos permiten asignar una especie de código de barras a las señales que las identifican, sin necesidad de enviar la señal completa. Maravilloso. Lo sé.

Ya que estamos animados, vamos a pillar dos sumandos más de la serie de Fourier. A ver cómo nos queda usando los primeros seis sumandos.

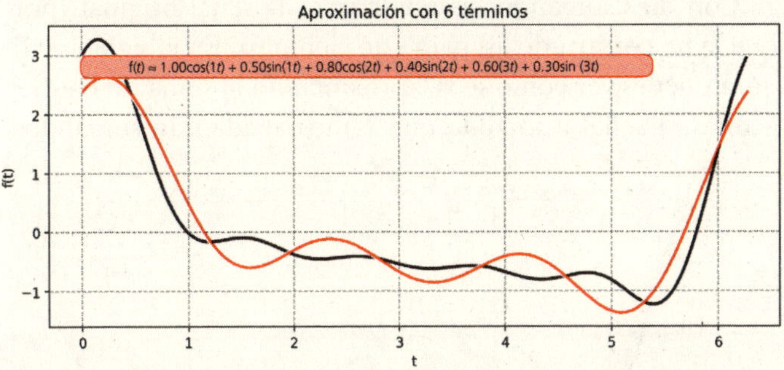

Esto se va pareciendo cada vez más a nuestra señal, que es de lo que se trataba, claro. Si no, no estaríamos hablando aquí de Fourier y sus series. De la fórmula de Fourier con seis términos que nos muestra la imagen obtenemos el código de esta señal: (**1**; **0,5**; **0,8**; **0,4**; **0,6**; **0,3**). Con estos seis números, sabiendo que son coeficientes de Fourier, cualquier persona puede reconstruir perfectamente la señal de la imagen anterior.

¿Probamos con ocho sumandos? Vamos allá.

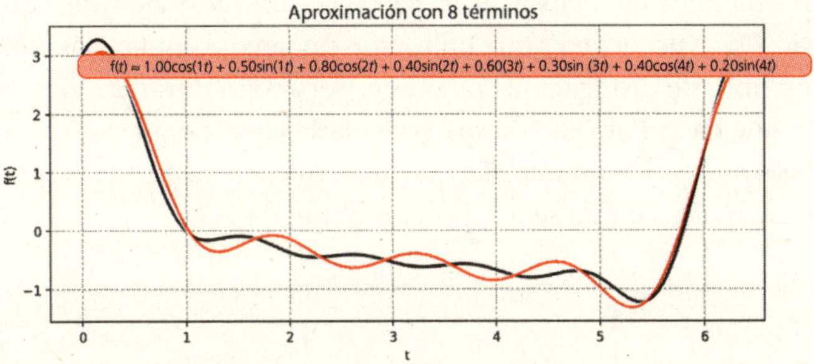

Bueno, bueno, con ocho sumandos ya sí que se parece muchísimo a nuestra señal original. Y ya habrás adivinado que esta señal, la que obtenemos con los ocho primeros sumandos de la serie de Fourier, se puede transmitir usando la lista: (**1**; **0,5**; **0,8**; **0,4**; **0,6**; **0,3**; **0,4**; **0,2**).

Con diez sumandos ya tendríamos la señal original (porque la he construido así para este ejemplo). En la siguiente figura puedes ver cómo se va aproximando la suma de Fourier a nuestra señal a medida que vamos añadiendo sumandos.

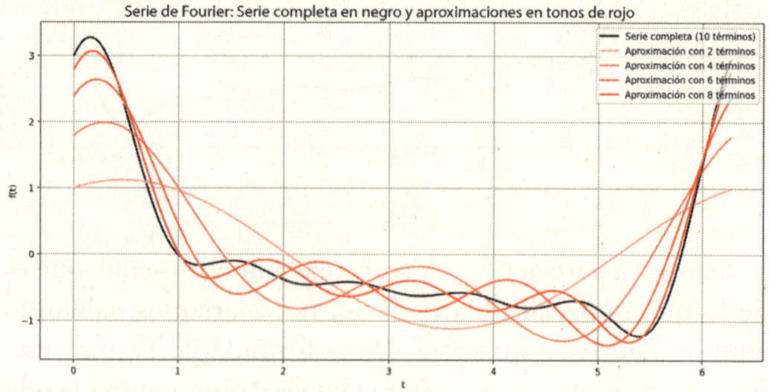

A partir de la serie de Fourier, otros matemáticos desarrollaron una herramienta maravillosa para extraer una información aún más concreta de las ondas: la frecuencia y la amplitud de las ondas armónicas que esconden (que son, básicamente, los datos que nos interesan para muchas aplicaciones). A esta herramienta matemática se le llama la «transformada de Fourier». Las ecuaciones que utiliza son un poco complicadas para un libro de divulgación como este, pero voy a mostrarte qué es lo que hace. Para ello vamos a calcularla para la siguiente onda. Sabemos, solo con mirarla, que tiene frecuencia de 4 Hz (tiene cuatro picos en un segundo) y amplitud de 1.

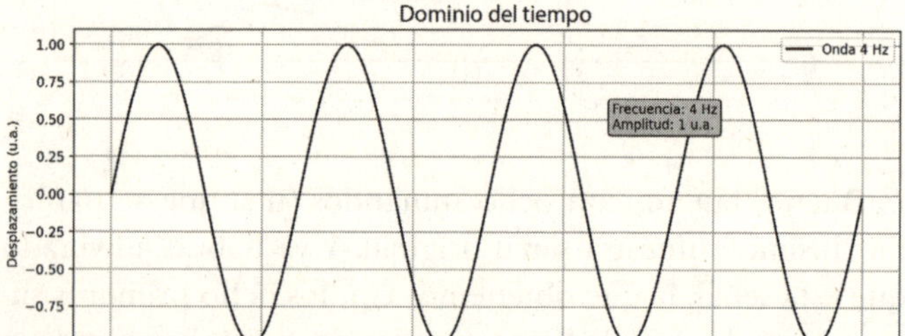

Si calculamos su transformada de Fourier nos quedaría lo siguiente. Solo ha detectado una frecuencia, 4 Hz, y con amplitud 1.

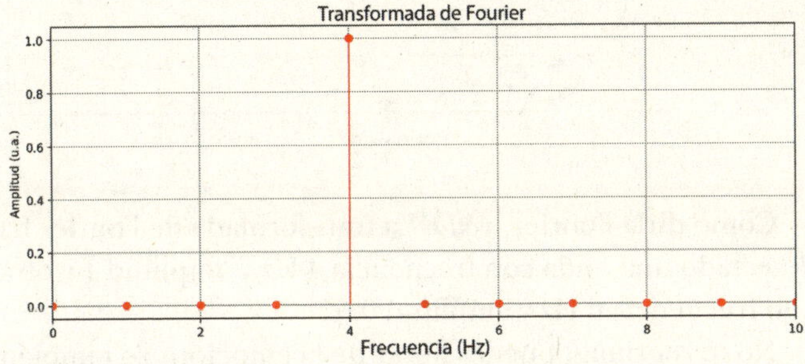

Y esto mismo que hemos hecho para una onda armónica (con amplitud y frecuencia constante) lo podemos hacer para cualquier tipo de señal. Sí, has leído bien, para cualquier señal por muy complicada y exótica que sea. Porque hablamos de música, sí, pero también de señales de osciloscopios, de radio, de sismógrafos o de cualquier otro tipo que nos podamos imaginar.

Si lo hacemos para la onda roja de la siguiente figura (que es el resultado de sumar las otras dos ondas que aparecen punteadas), su transformada de Fourier nos *chiva* cuáles son las frecuencias y las amplitudes de las ondas armónicas escondidas en la nuestra.

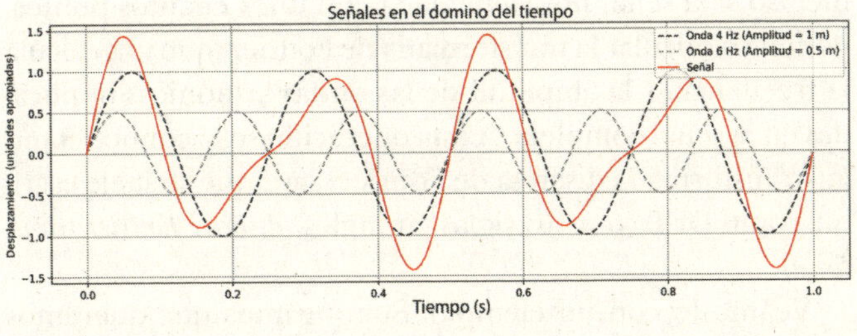

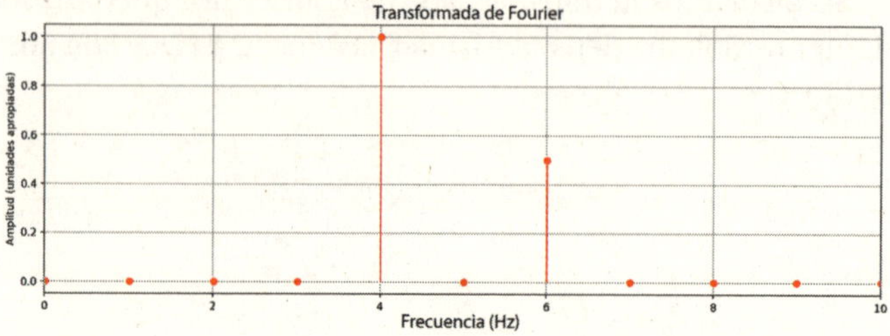

Como diría Fourier, *voilà!* La transformada de Fourier ha detectado una onda con frecuencia 4 Hz y amplitud 1 y otra con frecuencia 6 Hz y amplitud 0,5.

No te reprimas, puedes llorar de la emoción. Yo también lloré la primera vez que me lo contaron y aún se me empaña la mirada cuando se lo explico a mis estudiantes. Es una maravilla.

Pero, como decía aquel superratón que nos acompañaba merendando en los ochenta, no se vayan todavía, aún hay más. Sí, porque en ocasiones no disponemos de la señal completa que queremos estudiar, sino que tenemos (como en el caso del descubrimiento de Ceres que vimos en el capítulo 3) unos datos sueltos sobre la señal, unos puntos por los que sabemos que pasa. De hecho, en la práctica, casi nunca disponemos de la información de la señal completa, sino de su valor en un conjunto de puntos. Es más, hay señales que son discretas por su propia esencia, es decir, están formadas por puntos separados, sin ser continuas. Pues bien, incluso si la señal nos viene dada con unos cuantos puntos, podemos calcular la transformada de Fourier, que nos calcula la frecuencia y la amplitud de las ondas armónicas implicadas en la señal completa. A esta operación se la conoce como la «transformada discreta de Fourier», aunque se suele escribir como DFT (por sus siglas en inglés, *discrete Fourier transform*).

Veámoslo con un ejemplo. Supongamos que queremos analizar la onda de la siguiente figura:

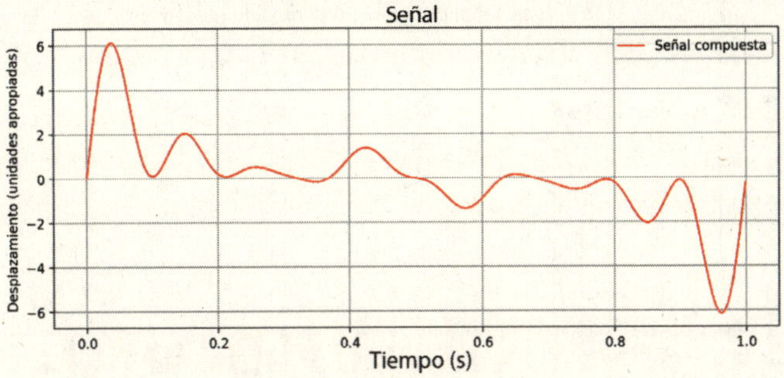

Para trabajar con la transformada discreta de Fourier, lo primero que hacemos es discretizar esta curva, es decir, seleccionar solo unos pocos puntos. Por ejemplo, cincuenta valores de los que toma en un segundo. Esos son los datos que le pasamos al ordenador, como se muestra en la imagen siguiente:

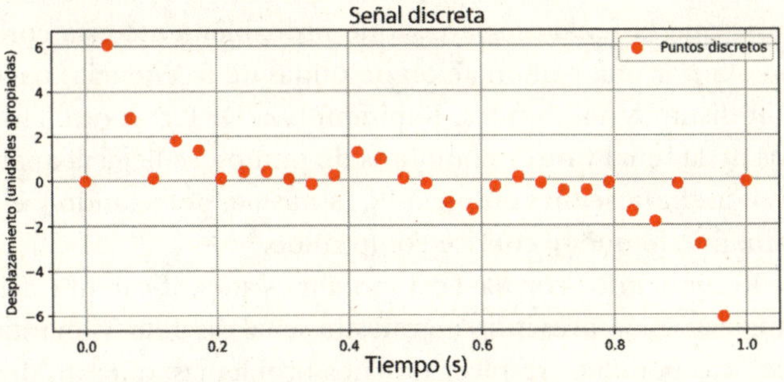

Ponemos en marcha nuestro algoritmo para calcular su DFT y nos dará los datos que vemos en la siguiente figura:

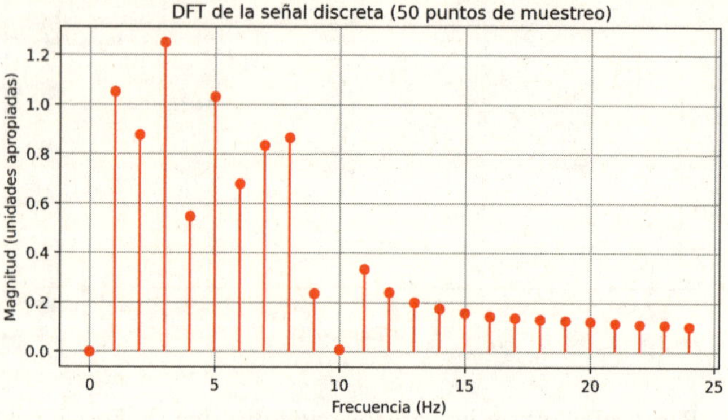

Un análisis rápido de estos datos nos indica que hay varios picos en frecuencias bajas y que empieza a decrecer a partir de 10 Hz (la DFT solo nos muestra veinticinco frecuencias [de 0 Hz a 24], la mitad del número de datos). También nos muestra un pico dominante en 3 Hz. Esto sugiere que la señal es suave y que probablemente está compuesta por una combinación de ondas de frecuencias bajas con distintas amplitudes. Repitiendo la DFT con otros trozos de la señal y otros conjuntos de puntos, se llega al análisis e identificación completa de la misma, detectando y eliminando lo que se conoce como ruido.

Resumiendo, con la DFT podemos identificar qué frecuencias están presentes en nuestra señal discreta. Con estas técnicas podemos resolver muchos problemas, que van desde el estudio del comportamiento de terremotos y tsunamis hasta el análisis de imágenes médicas. Y algo que me parece poético hasta más allá del infinito es que nos permite estudiar la radiación cósmica de fondo del universo, la primera luz que corrió libre por nuestro bonito cosmos, y de ahí deducir cómo ha evolucionado hasta nuestros días. Para venir del mono, no lo hacemos tan mal. En matemáticas, al menos.

Todo esto es precioso, emocionante y maravilloso, pero hay un pequeño problema. Para calcular la DFT con los algoritmos originales era necesario realizar tantas operaciones como el resultado de elevar el número de datos al cuadrado. O sea, que para un conjunto de n puntos realizaba n^2 operaciones. Y eso es bastante caro (en número de operaciones) para un algoritmo, como ya vimos en el primer capítulo de este libro.

Aquí es donde llega el algoritmo más importante de tu vida y la mía. Con todos nosotros: la transformada rápida de Fourier o FFT (por sus siglas en inglés, *fast Fourier transform*), el algoritmo más eficiente conocido para calcular la transformada discreta de Fourier (DFT) y uno de los avances más importantes en cálculo numérico del siglo XX. La FFT solo necesita realizar por cada n puntos del orden de $n \times \log(n)$ operaciones. Y, como también vimos en el capítulo 1, para conjuntos grandes de puntos la diferencia en la rapidez del algoritmo es bestial.

¿Por qué la FFT es el algoritmo más importante de nuestras vidas? Bueno, igual me he venido un poco arriba con esto, pero sí es uno de los más importantes de la historia de los algoritmos por la infinidad de aplicaciones. En el caso de la música (ya que hemos empezado hablando de ondas musicales), la FFT se usa para comprimir ficheros de audio eliminando frecuencias no audibles. Esto nos ha permitido tener formatos con el MP3, por ejemplo. Pero también nos permite, usando programas como Auto-Tune, ecualizar y afinar melodías o voces que se encuentren desafinadas, y es también fundamental para los reconocedores de voz, que cada vez usamos más.

En general, la FFT es imprescindible para tratar cualquier tipo de señal, no solo las acústicas. Las imágenes son señales y, en este sentido, la FFT nos permite comprimir los archivos de imágenes y procesarlas. ¿Qué sería de los filtros de TikTok sin nuestra amada FFT? De procesamiento de imágenes hablaremos con más detalle en el siguiente capítulo. Aparte de nuestra música y nuestras fotos, el procesamiento de señales es fundamental en el diagnóstico de enfermedades, con el uso de técnicas como resonancias magnéticas, electrocardiogramas, electromiografía, etc., o en el análisis de secuencias genéticas. Además, la FFT es imprescindible en las telecomunicaciones: wifi, redes móviles, radio y televisión digital. También en el procesamiento de señales que usamos en el sistema GPS, así como en nuestros coches en los servicios de asistencia al conductor. ¿Qué más? En videojuegos, por supuesto, para conseguir texturas, efectos de iluminación, efectos de sonido... Asimismo, la FFT tiene aplicaciones en el análisis de mercados bursátiles porque permite identificar patrones y tendencias. Y, por último, pero no menos importante, en la interpretación de las señales que nos manda nuestro planeta, por ejemplo, las señales sísmicas y la detección de perforaciones como las necesarias para una exploración petrolera.

Bombas bajo las piedras

Esta es la parte menos bonita de la historia de la FFT: el para qué, en los años sesenta del siglo XX, unos científicos se pusieron a diseñar un algoritmo que calculara la FFT de forma más eficiente, con menos operaciones. La razón no fue otra que controlar la carrera nuclear tras la Segunda Guerra Mundial.

Efectivamente, tras las bombas de Hiroshima y Nagasaki en agosto de 1945, al mundo en general y a Estados Unidos en particular empezó a preocuparles que los demás países, especialmente la Unión Soviética, desarrollaran armas nucleares como las que acabaron con la vida de más de 200.000 personas en segundos. En 1946 se creó la Comisión de Energía Atómica de las Naciones Unidas (UNAEC, por sus siglas en inglés) para abordar las consecuencias tras el descubrimiento de este tipo de energía. Fueron precisamente los Estados Unidos los primeros en proponer un plan que estableciera un control internacional sobre la energía atómica, para evitar la proliferación de armas nucleares y asegurar que dicha energía se utilizara únicamente con fines pacíficos: el plan Baruch. No obstante, ni el plan Baruch ni la propia UNAEC duraron mucho. El primero porque la Unión Soviética se fiaba más bien poco de las buenas intenciones de los estadounidenses y se negaron a aceptar el citado plan, y la segunda porque tras el estrepitoso fracaso del plan Baruch comenzó la carrera por construir armas cada vez más destructivas, lo que supuso la chispa que dio inicio a la Guerra Fría. Así fue como, en vez de suspenderse, las pruebas nucleares fueron en aumento en EE. UU. y la URSS y se unieron a la fiesta Francia, Reino Unido y China. Con consecuencias para la ciudadanía, naturalmente. El material radiactivo que liberaron las explosiones de algunas de estas pruebas se dispersó y se incorporó a la cadena alimentaria. Esto provocó el aumento de casos de cáncer y otras enfermedades, la aparición de malformaciones congénitas y desplazamientos forzosos de poblaciones, sobre todo indígenas y rurales.

En 1954, EE. UU. detonó una bomba en el atolón Bikini (en las Islas Marshall, en Oceanía) y se les fue un poco de las manos. La explosión fue tres veces más potente de lo esperado y la lluvia radiactiva esparció rastros de material radiactivo hasta Australia, la India y Japón, e incluso Estados Unidos y partes de Europa. En 1963 se firmó el Tratado de Prohibición Parcial de Ensayos Nucleares (TPPEN) para frenar aquella locura.

Pero ¿por qué parcial? ¿Por qué no una prohibición total? Por una razón muy curiosa y muy cercana a nuestra FFT. Las pruebas nucleares hechas en la atmósfera, en el espacio exterior o bajo el agua se podían detectar a mucha distancia y, en el caso de infracción de algún país, era fácilmente demostrable. Pero las pruebas nucleares también se podían hacer en el subsuelo. ¿Por qué no se prohibieron estas? Sobre todo, porque eran indetectables a larga distancia: había que estar en el país para detectarla. Y por aquí los soviéticos no estaban dispuestos a pasar, porque significaba abrirle las puertas de su casa al enemigo. En aquella época no disponían de herramientas para discernir si un movimiento del subsuelo, recogido por un sismógrafo, correspondía a un terremoto o a una detonación. Hasta que usaron la DFT para hacerlo. Con la DFT era posible analizar las frecuencias que intervenían en una señal sísmica y decidir si era detonación, a qué distancia y con qué potencia. Maravilloso. Salvo por un pequeño detalle: que con el algoritmo que usaban y con los ordenadores que tenían, para calcular la DFT de una determinada onda se necesitaban tres días. O sea, que no servía. Fue entonces cuando un matemático, John Tukey, de la Universidad de Princeton, que fue miembro de uno de los comités de asesoría científica en armamento nuclear de EE. UU., ideó un algoritmo que solo necesitaba, como hemos dicho, *n x log(n)* operaciones. Él y James Cooley, también matemático y miembro del equipo de investigación de IBM, unieron fuerzas y nos regalaron en 1965 este algoritmo tan importante para todos nosotros: la FFT, la transformada rápida de Fourier.

Pero, agárrate, esto fue en 1965. ¿Adivinas quién tenía escrito un algoritmo similar al de la FFT en 1805, ciento sesenta años antes, pero no lo había publicado porque él era así? Efectivamente, el príncipe de las matemáticas, Carl Friedrich Gauss. Y lo consiguió como un método numérico para calcular órbitas, como te conté en el capítulo anterior que hizo con Ceres. El método de Gauss, que es lo más parecido a la FFT de Cooley-Tukey que se conoce, estuvo guardado entre sus cosas hasta 1866, año en que fue publicado póstumamente, pero casi pasó desapercibido para la comunidad científica porque fue publicado en latín, con una notación muy compleja y centrado básicamente en el cálculo de órbitas. Quién sabe si de haber tenido la FFT desde antes de las bombas atómicas se hubiesen evitado algunas pruebas que costaron vidas humanas, y no humanas también. Hoy en día hay quien sugiere llamar al algoritmo «transformada rápida de Gauss-Fourier», pero no parece que vaya a prosperar mucho, pues el nombre original está más que asentado. El análisis y tratamiento de señales quedará ya para siempre ligado al nombre de Joseph Fourier.

A estas alturas del capítulo espero haberte convencido de que las series de Fourier son las mejores de tu vida porque fueron la semilla de la FFT que tantas aplicaciones tiene en nuestro día a día. Pero hemos hablado poco del artífice, de Jean-Baptiste Joseph Fourier.

Que era francés ya te lo he adelantado, y así es: nació en Auxerre en marzo de 1768. Fue el décimo de los trece hijos que tuvo su madre (sí, trece). Se quedó huérfano desde muy pequeño y fue educado por los benedictinos de la Congregación de Saint-Maur. Desde joven Fourier destacó como un estudiante muy brillante y con muy buenas aptitudes para las matemáticas, que se convirtieron para él en una obsesión. El hecho de no ser de buena cuna le dejaba, básicamente, dos opciones: convertirse en religioso o en militar. Como no era noble, los militares no lo aceptaron y la única opción que le quedó fue entrar como novicio y profesor de matemáticas en la abadía de Saint-Benoît-sur-Loire en 1787. Pero unos días antes de tomar los votos, abandonó el convento y regresó a la vida civil. Nunca se casó ni se conservan documentos que ilustren ninguna relación sentimental. Parece que nuestro querido Fourier consagró su vida a las matemáticas y a la política.

Durante la Revolución francesa fue activo y entusiasta, apoyando con muchas ganas los ideales de la revolución: *liberté, égalité, fraternité* ('libertad, igualdad y fraternidad'). Unos ideales que, evidentemente, atrajeron rápidamente a muchos jóvenes intelectuales franceses, pero, con perdón, lo de la *égalité* les quedó *regulé* porque a las mujeres no se les permitía estudiar, entre otras muchas cosas. En cualquier caso, ese fervor patriótico y ese entusiasmo inicial se fueron transformando, hasta el punto de que también sufrió los violentos giros de la revolución. Durante el periodo del Terror (1793-1794), fue arrestado y encarcelado, y se libró de la guillotina por los pelos... o más bien por la caída de Robespierre. Y menos mal, porque hubiésemos perdido una gran mente para las matemáticas.

Ya en 1798 fue uno de los ciento sesenta y siete científicos que Napoleón llevó en su expedición a Egipto, durante la cual se encontró la piedra de Rosetta. Afortunadamente para todos, el soldado que la descubrió cavando intuyó la trascendencia de aquel trozo enorme de piedra y el oficial al cargo ordenó sacar copias de las inscripciones en la misma, porque luego se la robaron los ingleses y se la llevaron a su país.

A su regreso a Francia, Fourier fue nombrado por Napoleón prefecto del departamento de Isère (con capital en Grenoble), donde entró en contacto con el arqueólogo Jacques-Joseph Champollion y conoció al hermano de este, Jean-François, un joven inquieto y curioso con una capacidad para los idiomas fuera de lo normal. Parece ser que fue Fourier el que alimentó la pasión de este joven Champollion por la cultura egipcia y le mostró alguna copia de las inscripciones de la piedra de Rosetta. Unos años más tarde, Jean-François Champollion anunció públicamente que había descifrado la piedra y gracias a él pudimos leer todo lo que nos dejaron escrito los egipcios. Sus tumbas, las de Fourier y el joven Champollion, están juntas en el cementerio del Père-Lachaise en París.

Fue también en Grenoble donde Fourier empezó a realizar experimentos sobre la difusión del calor (que era el problema que él quería resolver, no estaba pensando en el Auto-Tune), modelando la evolución de la temperatura mediante series trigonométricas. Parece ser que tras la campaña en Egipto desarrolló una sensibilidad patológica al frío; salía siempre, incluso en verano, con al menos un abrigo puesto. A veces, con dos. Quizás, quién sabe, esto influyó en que concentrara su investigación en la teoría analítica del calor. Siempre defendió que la motivación para estudiar matemáticas debía ser la obtención de herramientas para entender el universo que habitamos: «El estudio profundo de la naturaleza es la fuente más fértil de descubrimientos matemáticos».

Y así, con Fourier muerto de frío y estudiando la transmisión del calor, nacían las series de Fourier. Ilusionado, presentó su trabajo en la Academia de Ciencias de París en 1807, con el título *Memoria sobre la propagación del calor en los cuerpos sólidos.* No creas que los académicos recibieron con mucha ilusión la propuesta. Dos de los matemáticos más prestigiosos de la Academia, Pierre-Simon Laplace y Joseph-Louis Lagrange, desconfiaban de aquella forma de descomponer las funciones como sumas de ondas armónicas. Era demasiado atrevido y radical para ellos. Fourier tuvo que esperar hasta 1822, cuando fue nombrado secretario perpetuo de la Academia, para desbloquear la impresión de su obra y publicarla con el título *Theorie analytique de la chaleur* [Teoría analítica del calor]. En la introducción de la misma describió con detalle los obstáculos que tuvo que salvar para poder publicarla, pero se congratuló de que los retrasos en la edición hubieran servido para hacerla más clara y completa. Las series de Fourier por fin vieron la luz. Aunque él no las llamó así, lógicamente; supongo que no se podía ni imaginar que sus trabajos serían la base de una parte muy importante de la tecnología digital en el siglo XXI.

Joseph Fourier es también reconocido como el primer científico que avisó del efecto invernadero, en 1824. En sus investigaciones calculó que la temperatura de la Tierra, bajo el efecto del Sol, debería ser menor de la que era. Su hipótesis fue que esa temperatura de más podía estar justificada por el hecho de que la propia atmósfera estuviera actuando como aislante, evitando que se enfriara.

No puedo y no quiero terminar esta pequeña semblanza de Fourier sin mencionar el apoyo que brindó a mi querida Sophie Germain, la quijota de las matemáticas, que ya ha aparecido un par de veces en este libro. Fourier reconoció sin ningún tipo de reservas el talento matemático excepcional de Sophie. Cuando ella ganó el Premio Extraordinario de Matemáticas en 1816, por su trabajo sobre la teoría de la elasticidad, no pudo asistir a la ceremonia de la Academia de Ciencias a recogerlo porque, no te lo pierdas, estaba prohibido que las mujeres participaran públicamente en instituciones científicas. Eran las normas de la época, sí, pero influyeron mucho dos elementos (aunque muy importantes en la historia de las matemáticas, eso es verdad): Siméon Denis Poisson y Augustin-Louis Cauchy, que se opusieron muy fuerte a cualquier excepción, el primero porque tenía celos de las capacidades de Sophie y el segundo porque era ultraconservador y ultrarreligioso. Fue Fourier quien en aquella ceremonia leyó y defendió el trabajo de Germain. Cuando fue nombrado secretario perpetuo, la invitó a participar en las sesiones de la Academia, a pesar de que aún no les estaba permitido asistir a las mujeres. Esto fue muy importante para la carrera de Sophie porque le permitió interactuar directamente con otros matemáticos.

Por esto y por las series tan chulas que nos regaló, nuestro intrépido matemático francés tendrá siempre un rinconcito reservado en mi corazón. Según Fourier, las matemáticas eran «una facultad de la razón humana destinada a compensar la brevedad de la vida y la imperfección de los sentidos». No puedo estar más de acuerdo.

5

La ventana indiscreta

Tengo más de cincuenta años. No sé exactamente cuántos más de cincuenta tendré cuando leas este libro. Como se suele decir coloquialmente, y desafortunadamente también, ya le he dado la vuelta al jamón. Me gusta pensar que ahora estoy en la parte del jamón que tiene más chicha. Después de todo, no creo que existan los jamones simétricos... Ni falta que hace. Algunos de mis amigos y amigas de mi edad (cada vez menos, es verdad) suspiran con nostalgia recordando la época en la que tenían menos de veinte años e incluso llegan a desear volver a tenerlos. Yo suelo suspirar con alivio por haberme librado de ser adolescente y jovencita en esta época tan indiscreta. En esta época en la que la presión por mostrarse en las redes sociales es tan punzante y tirana con nuestros chicos y chicas.

Evidentemente, la revolución y el acceso a la imagen digital ha tenido unos efectos colaterales para nada deseables. Pero han sido eso, daños colaterales de una tecnología que ha mejorado notablemente muchos aspectos de nuestra vida, empezando por la medicina. En este capítulo, vamos a hablar de algoritmos de compresión de imagen. Vamos a hablar de las matemáticas de los selfis.

Un gesto que hacemos con total naturalidad hoy en día, sin pararnos a pensar (tampoco es necesario) en lo que implica, es el de hacernos una foto y compartirla inmediatamente con alguien a través de un servicio de mensajería o subirla a redes sociales. Si lo analizamos, hay algo que puede parecer mágico en este hecho: capturas tu imagen con una calidad casi profesional con un cacharrito (tu teléfono móvil), y ese archivo, que contiene millones de datos, no solo cabe en la memoria de tu cacharrito, sino que aparece instantáneamente en una red social en línea. Sí, como seguro que sospechas, no se trata de magia, naturalmente, sino de muchas matemáticas. Y su poquito de ingeniería también, por supuesto.

Los algoritmos que hacen posible que subamos nuestros selfis a internet son conocidos como «algoritmos de compresión de imágenes». Hay muchos de estos, pero, sin duda, el más conocido de todos es el algoritmo JPG.

El funcionamiento básico de este tipo de algoritmos consiste en eliminar información de la imagen, por redundante o por imperceptible para el ojo humano que sea, con el fin de obtener ficheros con menos datos, con menos peso, y, por lo tanto, más manejables. Los algoritmos de compresión de imagen se pueden clasificar en dos grandes grupos: algoritmos con pérdida o sin ella. Los primeros, los algoritmos con pérdida, eliminan de forma permanente (no se puede recuperar) algunos datos originales para reducir el tamaño del archivo, pero son muy útiles para guardar imágenes fotográficas ocupando poco espacio. O sea, que nos sirven, por ejemplo, para nuestros selfis. Los segundos, los algoritmos sin pérdida, reducen el tamaño del archivo eliminando datos innecesarios, pero las imágenes comprimidas se restauran sin errores, es decir, son exactamente iguales al original. Esta compresión sin pérdida de definición es más importante en imagen médica, por ejemplo.

Para hacernos una idea de cómo funciona un algoritmo de compresión de imagen, vamos a explicar, en líneas generales, cómo funciona el algoritmo JPG, el algoritmo con pérdida más conocido de todos.

Paso a paso, píxel a píxel

Para explicar cómo funciona el algoritmo JPG tenemos que entender primero cómo captura la imagen nuestra cámara fotográfica. La parte fundamental es el sensor digital. Los hay de distintos tipos, pero, básicamente, se trata de un chip fotosensible formado por una cuadrícula de pequeños sensores (llamados fotositos) que captan la intensidad de luz que incide en ellos. El sensor de la cámara no capta el color, sino solo la intensidad de luz. Para conseguir los colores, *cubrimos* los fotositos con una cuadrícula de filtros de color (CFA, del inglés) o un mosaico de filtros de color (CFM, del inglés), de forma que a cada fotosito solo le llega la luz de un determinado color. La CFA utilizada suele ser específica de cada cámara, pero la mayoría usan el mosaico Bayer, formado por filtros de tres colores: rojo, verde y azul, dispuestos como muestra el siguiente esquema, en el que hemos marcado con R (*red*) las celdas rojas, con G (*green*) las verdes y con B (*blue*) las azules.

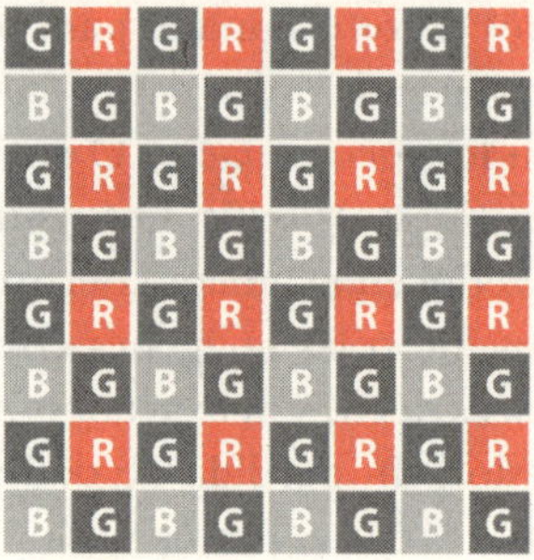

Como ves, en el patrón de Bayer tenemos el doble de fotositos verdes que de los otros colores. Esto es debido a que el ojo humano capta mejor las variaciones de luminosidad para el verde que para el rojo o el azul. La percepción del color en el ojo humano se hace a partir de unas células fotorreceptoras llamadas conos, ubicadas en la retina. Tenemos tres tipos principales de conos, los cuales son sensibles al rojo, verde y azul. Los conos sensibles al verde son los más numerosos y responden a una longitud de onda en el centro del espectro visible, lo que nos permite distinguir mejor las tonalidades de verde. Hay teorías evolutivas que apuntan a que esto es así por razones de supervivencia: percibir e identificar bien las tonalidades de verde en los bosques nos resultaba esencial para encontrar frutos comestibles y para detectar a posibles presas o depredadores. Distinguir bien los verdes, pues, nos podía salvar la vida.

Recapitulando, cada píxel de una foto estará definido por cuatro fotositos de este patrón:

Cuando capturamos la imagen, cada fotosito, en función de la luz recibida, asocia un valor de la intensidad de su color expresado. Ese valor asociado será un número entre 0 (el fotosito no ha captado nada de ese color) y 255 (ha captado el máximo de luz de ese color). Por lo tanto, una foto no es ni más ni menos que una cuadrícula llena de números, cuatro por cada píxel de la misma. Las matemáticas y los matemáticos llamamos a estas cuadrículas de números, ordenadas en filas y columnas, matrices. Lo que me resulta, dicho sea de paso, muy poético, porque será aquí dentro donde se desarrolle nuestro *bebé*, la fotografía comprimida. En una cámara normalita de móvil, de 64 MP, cada fotografía tendrá 64 × 4 millones de números.

Podemos considerar que almacenamos estos datos en tres matrices (tablas), una para cada color, donde cada entrada de matriz es un número entre 0 y 255.

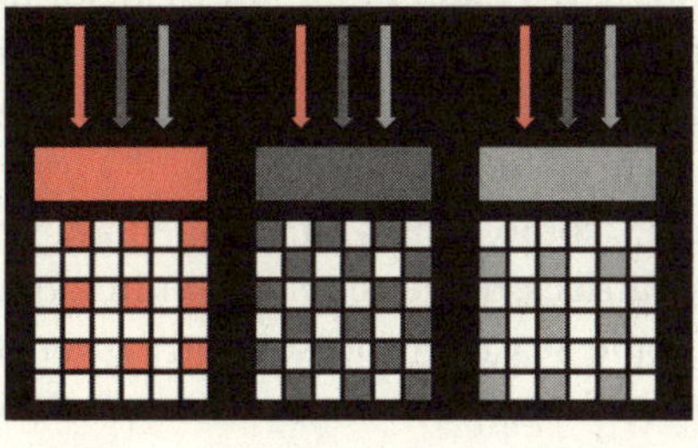

Por ejemplo, un cachito de una fotografía tomada con nuestro teléfono tiene, en realidad, este aspecto:

$$\begin{pmatrix} 5 & 176 & 193 & 168 & 168 & 170 & 167 & 165 \\ 6 & 176 & 158 & 172 & 162 & 177 & 168 & 151 \\ 5 & 167 & 172 & 232 & 158 & 61 & 145 & 214 \\ 33 & 179 & 169 & 174 & 5 & 5 & 135 & 178 \\ 8 & 104 & 180 & 178 & 172 & 197 & 188 & 169 \\ 63 & 5 & 102 & 101 & 160 & 142 & 133 & 139 \\ 51 & 47 & 63 & 5 & 180 & 191 & 165 & 5 \\ 49 & 53 & 43 & 5 & 184 & 170 & 168 & 74 \end{pmatrix}$$

Así es. Esa foto en la que te ves tan bien es una ordenación, en filas y columnas, de números enteros entre 0 y 255. Que también es muy bonita.

Como te decía, cada imagen estará formada, en principio, por tres matrices, una por cada color, que en un derroche de originalidad llamamos **R** (a la matriz correspondiente a los fotositos rojos, *red* en inglés), **G** (a la de los verdes, *green*) y **B** (a la de los azules, *blue*).

El algoritmo JPG

La clave del algoritmo **JPG** está en almacenar (casi) toda la información de dicha matriz, pero ocupando muchísimo menos espacio. Para ello es importante saber que si una matriz tiene muchos ceros es menos costoso almacenarla. Y si además dichos ceros están todos juntos mejor que mejor. Si tenemos que escribir dieciséis ceros seguidos podemos acortarlo con 16(0): es la misma información pero en cinco caracteres en lugar de dieciséis.

Ahora bien, ¿cómo conseguimos que haya muchos ceros en nuestras matrices, que estén muy juntitos, que no se pierda calidad y que sea un proceso (casi) reversible? Eso es: usando matemáticas. La idea es muy simple: se opera sobre las matrices para conseguir muchos ceros. Veamos un ejemplo con números para entender cómo se van consiguiendo los ceros en la matriz.

El primer paso consiste en olvidar las tres matrices iniciales (**R**, **G** y **B**) y quedarse con otras tres matrices que describirán la luminosidad (**Y**), la proporción entre azul y rojo (**U**) y la proporción entre verde y rojo (**V**). Ello se consigue con unas simples operaciones con las matrices originales:

$$\begin{cases} Y = 0.257 \cdot R + 0.504 \cdot G + 0.098 \cdot B + 16 \\ U = -0.148 \cdot R - 0.291 \cdot G + 0.439 \cdot B + 128 \\ V = 0.439 \cdot R - 0.368 \cdot G - 0.071 \cdot B + 128 \end{cases}$$

Con esta transformación pasamos del modelo **RGB** al modelo **YUV**, que separa el brillo del color, lo que la hace más eficiente para la compresión aprovechando la forma en que el ojo humano percibe el color: nuestro ojo es menos sensible a los cambios de tono que a los de brillo.

Son estas tres nuevas matrices, **Y**, **U** y **V**, las que vamos a transformar (usando unos pasos fijos) para conseguir que tengan muchos ceros y que estén todos seguidos.

En primer lugar, se divide cada matriz en submatrices de 8 × 8 (8 filas y 8 columnas, como la matriz que hemos puesto de ejemplo). Después, a cada número le restamos 127 (los valores pueden variar para las distintas matrices de luminosidad o de color) para que los valores estén centrados alrededor del 0. Con esto la matriz de nuestro ejemplo quedaría así:

$$\begin{pmatrix}
-122 & 49 & 66 & 41 & 41 & 43 & 40 & 38 \\
-121 & 49 & 31 & 45 & 35 & 50 & 41 & 24 \\
-122 & 40 & 45 & 105 & 31 & -66 & 18 & 87 \\
-94 & 52 & 42 & 47 & -122 & -122 & 8 & 51 \\
-119 & -23 & 53 & 51 & 45 & 70 & 61 & 42 \\
-64 & -122 & -25 & -26 & 33 & 15 & 6 & 12 \\
-76 & -80 & -64 & -122 & 53 & 64 & 38 & -122 \\
-78 & -74 & -84 & -122 & 57 & 43 & 41 & -53
\end{pmatrix}$$

El siguiente paso puede parecer más complejo, pero se trata simplemente de aplicar una fórmula a los números de cada submatriz 8 × 8. Esa fórmula se llama «transformada discreta del coseno» (DCT, por sus siglas en inglés). Sí, es parecida a la DFT de Fourier, pero solo usa cosenos.

El resultado de aplicar la transformada discreta del coseno a nuestra matriz sería:

$$\begin{pmatrix}
-27.500 & -213.468 & -149.608 & -95.281 & -103.750 & -46.946 & -58.717 & 27.226 \\
168.229 & 51.611 & -21.544 & -239.520 & -8.238 & -24.495 & -52.657 & -96.621 \\
-27.198 & -31.236 & -32.278 & 173.389 & -51.141 & -56.942 & 4.002 & 49.143 \\
30.184 & -43.070 & -50.473 & 67.134 & -14.115 & 11.139 & 71.010 & 18.039 \\
19.500 & 8.460 & 33.589 & -53.113 & -36.750 & 2.918 & -5.795 & -18.387 \\
-70.593 & 66.878 & 47.441 & -32.614 & -8.195 & 18.132 & -22.994 & 6.631 \\
12.078 & -19.127 & 6.252 & -55.157 & 85.586 & -0.603 & 8.028 & 11.212 \\
71.152 & -38.373 & -75.924 & 29.294 & -16.451 & -23.436 & -4.213 & 15.624
\end{pmatrix}$$

Sin duda son muchos números, pero no hay que asustarse: solo es un ejemplo de cómo funciona la magia de las matemáticas para que podamos subir nuestras fotos a redes sociales.

Ya únicamente nos queda un paso (más la codificación). Es importante señalar que todo lo que hemos hecho hasta ahora es reversible y que, por lo tanto, no implica una compresión ni pérdida de calidad. El siguiente paso, sin embargo, sí conlleva una pérdida de calidad: dividimos cada elemento de la matriz resultante por un número (el cual será mayor si pedimos mayor nivel de compresión y menor si exigimos más calidad).

Por ejemplo, la matriz de codificación para una compresión del 50 % sería la siguiente:

$$\begin{pmatrix} 16 & 11 & 10 & 16 & 24 & 40 & 51 & 61 \\ 12 & 12 & 14 & 19 & 26 & 58 & 60 & 55 \\ 14 & 13 & 16 & 24 & 40 & 57 & 69 & 56 \\ 14 & 17 & 22 & 29 & 51 & 87 & 80 & 62 \\ 18 & 22 & 37 & 56 & 68 & 109 & 103 & 77 \\ 24 & 35 & 55 & 64 & 81 & 104 & 113 & 92 \\ 49 & 64 & 78 & 87 & 103 & 121 & 120 & 101 \\ 72 & 92 & 95 & 98 & 112 & 100 & 103 & 99 \end{pmatrix}$$

Ahora tenemos que dividir –27,500 (el elemento que está en la primera fila y en la primera columna de la matriz a codificar) entre 16 (el elemento que está en la primera fila y en la primera columna de la matriz de codificación) y lo aproximamos al entero más cercano (como el resultado es –1,71875, sería –2). Luego continuamos con el número siguiente en la primera fila, el de la segunda columna, es decir, dividimos –213,468 entre 11 para obtener –19. Y así sucesivamente hasta obtener los siguientes valores:

$$\begin{pmatrix} -2 & -19 & -15 & -6 & -4 & -1 & -1 & 0 \\ 14 & 4 & -2 & -13 & 0 & 0 & -1 & -2 \\ -2 & -2 & -2 & 7 & -1 & -1 & 0 & 1 \\ 2 & -3 & -2 & 2 & 0 & 0 & 1 & 0 \\ 1 & 0 & 1 & -1 & -1 & 0 & 0 & 0 \\ -3 & 2 & 1 & -1 & 0 & 0 & 0 & 0 \\ 0 & 0 & 0 & -1 & 1 & 0 & 0 & 0 \\ 1 & 0 & -1 & 0 & 0 & 0 & 0 & 0 \end{pmatrix}$$

Esta será, por lo tanto, la matriz que almacenaremos. Como hemos dividido por números relativamente grandes (sobre todo en la parte inferior derecha), muchos de los valores son 0, que es justamente lo que queríamos. A partir de esta última matriz podemos recuperar todos los pasos anteriores, aunque, como hemos hecho un redondeo al dividir, no obtendremos exactamente la imagen original, sino una que se le parezca muchísimo.

En resumen y en lenguaje muy informal, lo que hace el algoritmo **JPG** es, en alguna medida, tirar a la basura mucha de la información de tu foto y enviar solo unas pistas de lo que ocurrió realmente. Pero este «tirar a la basura» es tan metódico y ordenado que podemos recuperar casi todo lo tirado sin más que deshacer el camino andado.

Maravilloso, ¿no crees?

Como hemos dicho al principio de este capítulo, hay más algoritmos de compresión de imágenes. El **JPG** que acabamos de describir es uno de los algoritmos con pérdida, es decir, eliminan de forma permanente algunos datos originales. Sin embargo, entre los algoritmos de compresión sin pérdida se encuentran, por ejemplo, el **PNG** o el **GIF**, que probablemente también hayas usado alguna vez. Estos reducen el tamaño del archivo sin perder ninguna información de la imagen original. Además, algunos algoritmos de compresión cuentan con las dos opciones: comprimir con o sin pérdida. Por ejemplo, el **JPEG 2000** o el **WebP**.

A continuación, vamos a hablar del **JPEG 2000**, por lo que toca descubrir a una de las protagonistas de este capítulo: Ingrid Daubechies.

Gracias a los trabajos de Ingrid Daubechies sobre ondículas (*ondelettes* en francés y *wavelets* en inglés) se puede mejorar el sistema de compresión de imágenes, el **JPG**, con otro método, el **JPEG 2000**. Basta, básicamente, con sustituir el uso de la transformada discreta del coseno a la hora de comprimir por la introducción de unas ondas especiales, las ondículas.

¿Qué son las ondículas? Viajemos en el tiempo hasta el siglo XIX para encontrarnos con nuestro ya conocido amigo Joseph Fourier. Él nos enseñó, tratando de resolver la ecuación del calor, a descomponer señales complicadas como sumas de señales mucho más sencillas. Concretamente, como suma de curvas de senos y cosenos. Esto lo vimos con cierto detalle en el capítulo anterior.

Algunos fenómenos, naturales o artificiales, se describen usando curvas mucho más complicadas, más enrevesadas, más artísticas. Por eso, el trabajo de Fourier tuvo (y tiene) tanto impacto: porque nos permite estudiar y tratar problemas más complicados en esencia con elementos mucho más simples. Con eso y la FFT (que también vimos en el capítulo anterior) las posibilidades de análisis e interpretación de señales complicadas se convierten casi en un juego de niños. De niños y de niñas con ciertos conocimientos de matemáticas avanzadas, claro.

Sin embargo, esta descomposición no refleja bien algunos fenómenos en los que la curva que los describe tiene comportamientos extraños, como pueden ser saltos bruscos. Este tipo de curvas con anomalías muy bruscas aparecen al describir movimientos sísmicos, por ejemplo.

Aquí llegan las ondículas. La idea es, básicamente, la misma: descomponer la curva que describe una señal en distintos trozos más pequeños (de ahí el diminutivo de ondículas) centrándose, especialmente, en los cambios bruscos. Y en esos trocitos, descomponer la señal como suma de ondículas.

En la imagen siguiente tienes algunos ejemplos de esas ondículas. Estas llevan el nombre de Ingrid Daubechies.

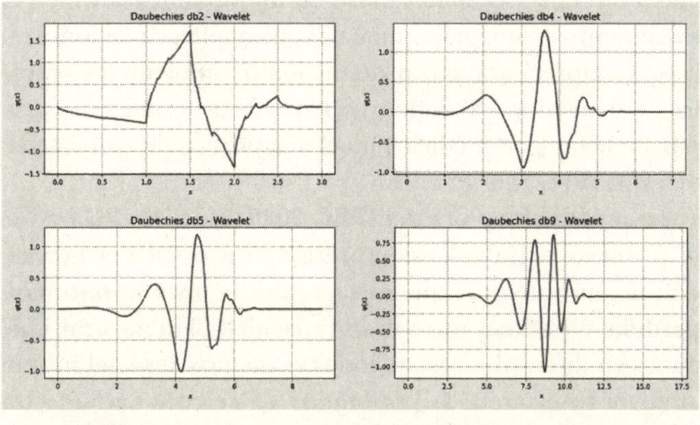

A veces doy charlas de divulgación para estudiantes de primaria, secundaria y bachillerato en las que hago apología de las matemáticas, naturalmente. Entre otras razones, porque me parece injusto que algunas personas terminen su formación de matemáticas sin haber disfrutado del placer infinito de descubrir la belleza intrínseca de las mismas. En todas o casi todas estas charlas les suelo decir a los estudiantes presentes (a mis estudiantes en la universidad también) que cada vez que envían una foto por WhatsApp o a Instagram deberían hacer una genuflexión, mirando hacia la Universidad Duke, y agradecer a Ingrid Daubechies sus trabajos en compresión de imagen que les permiten hacerlo. No es la única que ha trabajado en ello, lo sé, pero sí es aceptado que sus estudios y resultados en ondículas han sido fundamentales para mejorar la compresión digital en imágenes.

Ingrid Daubechies, Alex Grossmann y Jean Morlet fueron los pioneros en usar ondículas para analizar señales, aunque ellos las llamaron *ondelettes, bien sûr.* Ingrid y sus colegas usaron estas ondas pequeñitas para mejorar el algoritmo de compresión **JPEG 2000**. En la práctica, este algoritmo se usa menos que el **JPG**. Es más complicado y, francamente, no siempre necesitamos tanta calidad de imagen. Pero el **JPEG 2000** supuso un importante avance en el tratamiento de imágenes digitales en aquellas situaciones en las que se precisara mayor definición o, simplemente, visualizar con máxima calidad algún trozo de la misma. Por ejemplo, en la imagen médica para el diagnóstico de enfermedades, que no es asunto baladí.

La principal mejora del **JPEG 2000** frente al **JPG** es que el primero permite la compresión con o sin pérdida de definición, mientras que el segundo siempre lo hace con pérdida. Otras mejoras son su capacidad para mostrar imágenes en diferentes resoluciones y tamaños desde el mismo archivo de imagen, la posibilidad de seleccionar solo un área determinada de la imagen para verla en alta calidad y la resistencia a errores (al descargar una imagen comprimida con **JPEG 2000** se minimiza el ruido producido por la descarga, con lo que se consigue una imagen más parecida a la realidad).

Ingrid Daubechies, James Z. Wang y Eric Postma usaron las ondículas para desentrañar la «firma matemática» que Vincent van Gogh dejaba en sus pinturas. Las pinturas son imágenes y las imágenes son señales que se pueden analizar con técnicas como las de Fourier o las basadas en ondículas, entre otras. Ingrid y sus colegas detectaron una marca personal en la descomposición de los cuadros del artista, como señales que permitían analizar la autenticidad de sus obras: la firma matemática de Van Gogh. Como parte de «El Proyecto Van Gogh», liderado por Richard Johnson, de la Universidad de Cornell, consiguieron demostrar que las matemáticas se pueden usar también para distinguir estilos, agrupar obras en función de estos y verificar la autenticidad de las mismas.

Las ondículas de Daubechies se han usado también para la detección y eliminación digital de grietas en la restauración del Políptico de Gante de Jan van Eyck. Ingrid y sus colegas diseñaron un algoritmo que detectaba las grietas reales existentes (algunos trazos de la pintura pueden parecer grietas sin serlo) usando imágenes de alta resolución de la obra y realizando una simulación del resultado final tras la reconstrucción que también proponía el algoritmo diseñado. El objetivo del proyecto era diseñar algoritmos que apoyen a los restauradores en su labor.

Ingrid Daubechies nació en Houthalen, Bélgica, en 1954. Se graduó y se doctoró en Física Teórica en la Universidad Libre de Bruselas. Y desde 1987 vive en Estados Unidos. Ha sido profesora en la Universidad Rutgers, la Universidad de Princeton y la Universidad Duke.

Fue la primera en presidir la Unión Matemática Internacional. Y la única. De momento.

Hoy día, el trabajo de Daubechies es esencial para compresión de datos, ingeniería de imagen y musical, *big data*, etc. Ingrid pasará a la historia, espero, como la mujer que consiguió domar las señales de imagen y sonido.

Nos vamos ahora hasta 1984, a la Escuela Politécnica de Palaiseau. Allí, los departamentos de Matemáticas y de Física Matemática compartían la fotocopiadora y eso contribuyó a que la sala donde estaba colocada se convirtiera en un punto de reunión de investigadores de ambas disciplinas. Junto a esta fotocopiadora nos encontramos con el segundo protagonista de este capítulo, esperando pacientemente a que la impresora terminara de imprimir un artículo que uno de sus colegas de edificio, Jean Lascoux, había enviado a la misma.

Él era Yves Meyer y el artículo que su colega Jean, físico, había mandado a la impresora trataba sobre una nueva técnica para descomponer las señales sísmicas complejas registradas en los terremotos. Jean Lascoux realizaba copias de todos los trabajos que recibía, lo que frustraba al resto de sus compañeros. «Si necesitabas hacer alguna fotocopia, tenías que esperar a que hubiera acabado. Pero nunca me irritó, sino que me sentía feliz de charlar con Jean durante la media hora que empleaba en realizar todas sus copias», contó al respecto el propio Yves Meyer.

Aquel día de 1984, Lascoux le mostró el artículo que cambiaría por completo su vida. «Estoy seguro de que este trabajo te servirá», le dijo.

Meyer, un hombre inquieto y curioso donde los haya, devoró inmediatamente el artículo, y surgió así su amor por las ondículas. Como un adolescente enamorado e ilusionado, Meyer cogió un tren con destino a Marsella para conocer a los autores del artículo, es decir, Ingrid y sus colegas. Aquel encuentro impulsivo trajo como consecuencia que este matemático francés aportara a la teoría de ondículas nuevos y fascinantes resultados, los cuales, entre otras cosas, permitieron a LIGO (Laser Interferometry Gravitational-Wave Observatory, en inglés, es el observatorio científico que detectó por primera vez las ondas gravitacionales), en septiembre de 2015, escuchar, en medio del estridente ruido del universo, el «murmullo» gravitacional de aquellos dos agujeros negros que coquetearon (hasta fundirse) hace 1.300 millones de años.

En palabras del propio Meyer, las ondículas nos permiten escuchar lo que no oímos, como una extensión de nuestros sentidos.

Debido a sus aportaciones a la teoría de ondículas, la Academia Noruega de Ciencias y Letras le concedió en 2017 el premio Abel, el mayor reconocimiento internacional a una carrera científica en el campo de las matemáticas. Lo que muchos periodistas llaman el Nobel de las Matemáticas por varias razones; la primera, porque no existe el Nobel de Matemáticas... A don Alfred no le parecería que tuviesen aplicaciones importantes para la humanidad. En fin.

Meyer ha hecho también contribuciones relevantes a otras áreas de las matemáticas. Siempre ha sido, según él mismo, un nómada, intelectual e institucionalmente. Le gusta ir cambiando de temas de investigación porque para él hacer investigación es ser ignorante la mayoría del tiempo.

Los trabajos sobre ondículas de Ingrid Daubechies e Yves Meyer han resultado, como hemos visto, fundamentales en la compresión de archivos de imagen y sonido. Podríamos decir, sin exagerar, que han sido pioneros y artífices de las matemáticas que nos han llevado Netflix a nuestras casas. Estas ondas pequeñitas se aplican también en investigaciones criminales para extraer, por ejemplo, huellas dactilares de imágenes con mucho ruido, muy sucias. En algún sentido, los trabajos en ondículas son uno de los muchos ejemplos que podemos encontrar de estudios matemáticos aparentemente muy teóricos que acaban convirtiéndose en herramientas de uso cotidiano.

Como ya hemos visto, esos algoritmos de compresión se concentran, básicamente, en eliminar datos superficiales de la imagen o el sonido correspondiente, para que necesiten menos espacio de almacenamiento en nuestros ordenadores. Me voy a poner ahora en el papel de abogada del diablo: ¿para qué, entonces, necesitamos capturar millones de píxeles en una imagen digital si vamos a «tirarlos a la basura» a casi todos? Ya sé que nuestros teléfonos, por ejemplo, tienen cada vez más capacidad de memoria y que existe la opción de almacenar las fotos de nuestros churumbeles (los más bonitos del mundo) en la nube usando alguno de los maravillosos servidores que tan gentilmente nos ceden el espacio. Pero la imagen digital no sirve solo para retratar a nuestros vástagos, sino que tiene usos posiblemente más relevantes para la ciencia, como la exploración espacial o el diagnóstico clínico. En este sentido, ¿no es verdad que es maravilloso poder reproducir imágenes sin más que almacenar en memoria los datos relevantes? Si de una imagen de un millón de píxeles (para redondear) solo vamos a usar, por ejemplo, 100.000, ¿qué necesidad tenemos de capturar los restantes 900.000?

Pues lo cierto es que eso nos permitiría, por ejemplo, recoger señales desde satélites sin necesidad de tener sensores con demasiada capacidad o realizar resonancias magnéticas con menor tiempo de exposición del paciente. La pregunta es: ¿se puede hacer?

Cámaras de un solo píxel

Seguro que has adivinado que la respuesta es sí, lo que esto nos lleva a conocer a los otros dos protagonistas de este capítulo: Emmanuel Candès y Terence Tao.

Comencemos con el primero, el matemático francés Emmanuel Candès.

Volvemos a viajar en el tiempo, pero esta vez nos quedamos cerca: en febrero de 2004. Nuestro protagonista estaba «trasteando» con una imagen: el fantasma de Shepp-Logan, una imagen estándar utilizada para probar algoritmos en tratamiento de la imagen. Es esta:

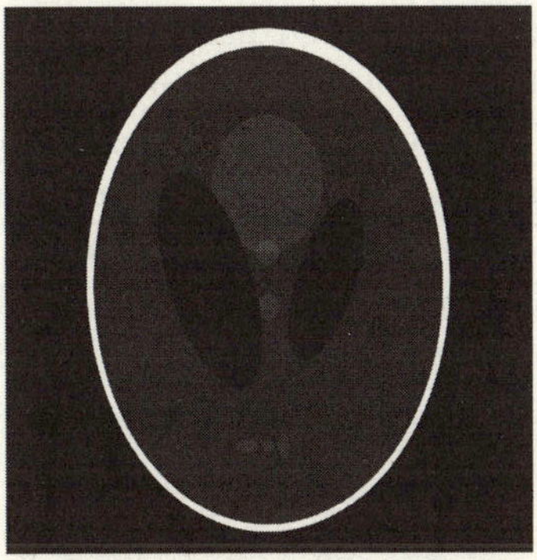

Fuente: Larry A. Shepp y Benjamin F. Logan (1974), «The Fourier reconstruction of a head section», *IEEE Transactions on Nuclear Science*, vol. 21, n.º 3, pp. 21-43.

Candès estaba experimentando con una versión muy corrupta de esta imagen, con el fin de simular las imágenes ruidosas y borrosas que se obtienen cuando, por ejemplo, una resonancia magnética no se ha hecho bien por falta de tiempo de exposición o movimientos del paciente. Para un adulto puede ser poco más que una ligera molestia pasar unos minutos inmóvil dentro de un aparato de resonancia magnética, pero para un niño de pocos meses es totalmente imposible, lo que dificulta enormemente el diagnóstico de algunas enfermedades pediátricas. Candès pensó que usando una técnica matemática muy conocida y bastante simple, la minimización L1, podría limpiar un poco las rayas.

L1 es el nombre que le damos en matemáticas a la forma más natural de medir distancias en ciudades, por ejemplo, siguiendo un recorrido en cuadrícula. Se le llama también «distancia taxi» o «distancia Manhattan», porque si estamos paseando por allí no sería correcto decir que la distancia más corta entre dos puntos es la línea recta. Para ir de un punto a otro de la Gran Manzana no siempre es posible caminar siguiendo el segmento que une a esos puntos, puesto que, en la mayoría de los casos, ese segmento atravesará algún rascacielos. Y eso no está bonito. Ni en Manhattan ni en Sevilla.

La distancia Manhattan o distancia L1 se corresponde con la longitud de cualquiera de los tres caminos en rojo que aparecen en la figura siguiente, doce unidades si cada cuadrado tiene lado 1. Si fuésemos en línea recta desde A hasta B la distancia sería menor, de 8,5 unidades aproximadamente. Pero esa distancia no nos sirve porque la línea recta entre ambos puntos atraviesa seis edificios o seis manzanas.

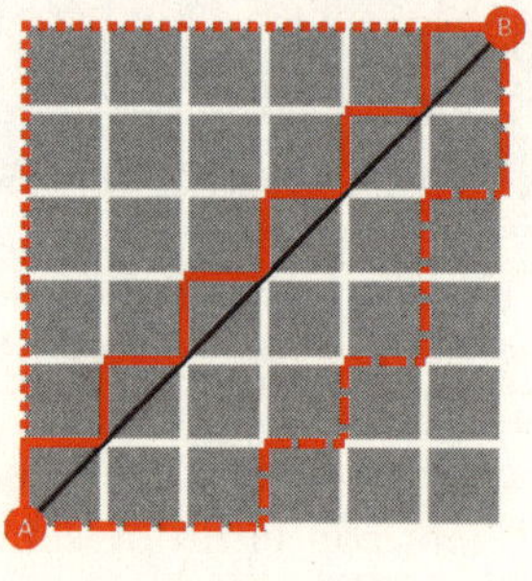

En el capítulo 3, en nuestro viaje a la Luna, hablamos del algoritmo de los mínimos cuadrados que usó nuestro querido Gauss para calcular la órbita de Ceres. La minimización L1 es un procedimiento similar. La única diferencia está en medir la distancia entre el error y el dato correcto usando la distancia L1, y no la distancia euclídea (la de la línea recta). Se trata de encontrar una aproximación de la imagen, de los valores de los píxeles que la componen, de tal forma que las sumas de los errores medidos con la distancia L1 sea lo más pequeña posible.

Pues bien, usando esta técnica de optimización sobre su imagen, Candès diseñó su algoritmo allá por 2004. Luego presionó una tecla y este se puso a trabajar. El matemático esperaba que el fantasma apareciera en su pantalla un poco más limpio, pero, de repente, lo vio claramente definido en cada detalle, reconstruido, como por arte de magia, a partir de muy pocos datos. Sí, él también se sorprendió: le parecía algo tan *imposible* como tratar de adivinar los diez dígitos de una cuenta bancaria conociendo solo los tres primeros. Probó entonces con distintas imágenes muy corruptas y ocurrió lo mismo todas las veces: el algoritmo las reconstruía perfectamente. No se lo podía creer.

Quiso la casualidad que los hijos de Emmanuel Candès fuesen a la misma guardería que los hijos de nuestro cuarto protagonista: Terence Tao, un genio de las matemáticas. Sin exagerar lo más mínimo.

Fue así como un día, cuando ambos se encontraron en la puerta de la misma dejando a sus peques, Emmanuel le contó a Terence la reconstrucción mágica, demasiado buena para ser cierta, que había conseguido a partir de muy pocos datos de una imagen. Terence, como buen matemático escéptico, le dijo que eso había sido casualidad, que era imposible y que él mismo le encontraría algunos contraejemplos (imágenes en las que no funcionaría el método de Candès). Pero no, ninguno de los contraejemplos de Tao sirvieron para desechar el método y este acabó admitiéndolo con un «quizás tengas razón». Y, claro, tratándose de Terence Tao, una de las mentes matemáticas más rápidas del mundo, en unos pocos días Candès y él comenzaron a esbozar la primera teoría general sobre detección o recepción comprimida (*compressed sensing* en inglés), que es como llamaron al algoritmo.

¿De qué va la detección comprimida? Como ya hemos adelantado un poco, de poder reconstruir imágenes a partir de muy pocos píxeles. Es decir, consiste en guardar solo los píxeles que serán relevantes para la reconstrucción posterior de la imagen o solo las notas destacadas de alguna melodía que queramos reconstruir. Sí, parece imposible, pero funciona en la inmensa mayoría de los casos. Esto, entre otras cosas, nos permitiría llevar en el bolsillo una cámara de un solo píxel, que es algo que no sé si tendrá alguna utilidad interesante, pero es lo más friki que se me ocurre ahora mismo.

Lo verdaderamente importante es que este algoritmo supone una revolución en el campo de la resonancia magnética porque con poco tiempo de exposición del paciente se podrían conseguir imágenes de calidad para el diagnóstico. También, en este mismo sentido, permite, por ejemplo, en países en desarrollo diagnosticar con aparatos de menor complejidad y menos coste. Además permite, como ya se ha dicho, reconstruir señales (imagen, sonido o radio) recogidas por sondas espaciales sin necesidad de que los sensores en estas necesiten mucha capacidad de almacenaje; basta con que envíen pocos datos para que se reconstruyan aquí. Por otra parte, el espectro visible al ojo humano es el mismo en el que el silicio es sensible, por eso es barato construir cámaras de fotos con muchos píxeles. Pero fuera del espectro visible es carísimo, y en esos casos sería mucho mejor utilizar las técnicas de Candès y Tao.

Emmanuel Candès es un estadístico y matemático francés, profesor en la Universidad de Stanford, mundialmente reconocido por sus contribuciones en el campo del procesamiento de señales y la estadística. Su trabajo ha tenido un gran impacto en la imagen médica, la astronomía, la compresión de datos y la inteligencia artificial.

Terence Tao es un matemático australiano-estadounidense, considerado como uno de los matemáticos vivos más importantes y versátiles del mundo. Actualmente es profesor de matemáticas en la Universidad de California, Los Ángeles (UCLA). Se le conoce como el «Mozart de las matemáticas» por su excepcional talento y precocidad. Se doctoró con tan solo veinte años en la Universidad de Princeton.

Por cierto, a Ingrid Daubechies, Yves Meyer, Emmanuel Candès y Terence Tao se les concedió el Premio Princesa de Asturias de Investigación Científica y Técnica en 2020 por los trabajos que te he contado en este capítulo. Ambas líneas de trabajo, la de las ondículas y la de la detección comprimida, forman un tándem perfecto para mejorar nuestras vidas, desde permitirnos ver cine digital hasta mejorar nuestros diagnósticos médicos.

Y es que las matemáticas son, sin duda, una de las herramientas más poderosas que tenemos para hacer de este un mundo mejor, más justo, más solidario, más humano. Y falta que nos hace.

Esta ha sido la segunda vez en la historia que la Fundación Princesa de Asturias (antes Fundación Príncipe de Asturias) concede el Premio de Investigación Científica y Técnica a trabajos relacionados con las matemáticas. La primera vez fue en 1983, a Luis Santaló, posiblemente el mejor matemático español del siglo XX por sus investigaciones en geometría integral, y que fue condenado al exilio por el régimen franquista. Voy a dejar por aquí una reflexión, que comparto, del propio Santaló en 1982:

> Cuando se habla de los recursos de un país hay uno, por lo general escaso, que no es costumbre mencionar: los talentos matemáticos. Todo niño capta lo esencial de nuestra ciencia, pero solo algunos, naturalmente dotados, llegarán a destacarse o intentar una labor creativa. Sabemos que se manifiestan a muy temprana edad y si no se los educa se malogran luego; es deber de la escuela descubrirlos y guiarlos; es obligación de la sociedad el ofrecerles oportunidad para su desarrollo. El resto de los ciudadanos, sin esa capacidad o esa vocación especiales, debe, sin embargo, aprender toda la matemática necesaria para entender el mundo que vivimos. Desconocer el lenguaje a que aspiran las ciencias y usan las técnicas es encerrarse en una manera de analfabetismo que un país civilizado no puede tolerar. Aquí el precio de la incuria es la dependencia, la pérdida de la soberanía.

Ojalá algún día consigamos darles a las matemáticas el lugar que merecen en nuestra sociedad, en nuestra cultura, en nuestra ciencia. Y, puesta a soñar, que la sociedad, en general, y las administraciones, en particular, se planteen al menos mover ficha no solo para detectar los talentos matemáticos, sino también para que, como dice Luis, el resto de los ciudadanos adquiera los conocimientos matemáticos básicos que nos hacen a todos menos manipulables y más libres.

Creo que, como dice Santaló, no nos damos cuenta de que los talentos matemáticos constituyen uno de los recursos más importantes de un país y que no trabajar en detectarlos y «explotarlos» es como descubrir un yacimiento de petróleo y no extraerlo por no invertir en construir un pozo. Ay.

6

Sucedió una noche

Me voy de viaje. ¿Me llevas?

Te confieso que al comenzar a escribir este capítulo con la sugerente ilustración de mi querida Raquel por delante, evocando a aquella Ellie Andrews haciendo autostop, me ha entrado una curiosidad: ¿se sigue haciendo en esta época? Viajo mucho en coche y creo que hace años que no lo veo. Supongo que el individualismo creciente y la empatía menguante que hemos ido sufriendo en nuestro primer mundo durante el siglo XXI ha desterrado, o ha minimizado, esta práctica de viaje colectivo. Pero no tengo datos al respecto, así que vamos con nuestros algoritmos.

Nos vamos de viaje. Esta vez sin salir de nuestro planeta.

Nuestra especie ha sido desde el principio de los tiempos una especie viajera. Así es como conseguimos, saliendo de África casi con lo puesto, ocupar casi todos los rincones del planeta. Pero los grandes viajes de la historia no habrían sido posibles sin las matemáticas que nuestros antepasados descubrieron y utilizaron para ubicarse sobre la Tierra, a partir de estrellas y otros elementos celestes. Y en la actualidad tampoco, porque no hay avión que vuele ni coche que arranque sin una ingente ingeniería basada, por supuesto, cómo no, en aplicaciones matemáticas. Por no hablar de nuestros teléfonos, que nos ubican en el planeta y nos guían a nuestro destino. Sin matemáticas, nuestros viajes serían radicalmente diferentes. Y peores. Todo sería muchísimo peor sin las aplicaciones de las matemáticas.

Vamos a hacer ahora un pequeño recorrido por los algoritmos que nos ayudan a elegir las rutas óptimas para nuestros desplazamientos, en función de las características de estos, claro. No es lo mismo diseñar un viaje de placer, el camino diario para ir a nuestro lugar de trabajo, la ruta de un camión de la basura o la de un repartidor de correos.

Esto me hace muy feliz porque vamos a hablar de uno de mis temas favoritos en matemáticas: la teoría de grafos. Aprovecho para recomendarte un libro muy bonito, editado como este por Ariel, que se llama *En busca del grafo perdido* y del que soy la autora.

¿Qué es un grafo? Un grafo es un objeto matemático formado por dos conjuntos. El primer conjunto lo forman unos elementos que llamamos vértices o nodos y que representamos con puntos. Los elementos del segundo conjunto son parejas formadas con dos elementos del primero según alguna propiedad que definamos; a estas parejas las llamamos aristas y las representamos con un segmento (una raya), uniendo a los dos puntos correspondientes a los miembros de dicha pareja. Por ejemplo, pensando en viajes, podemos dibujar un grafo en el que los vértices sean los aeropuertos europeos (pondríamos un punto por cada uno de ellos) y las aristas (las rayas) unirían a dos aeropuertos si existe un vuelo directo entre ellos.

Sobre el grafo de aeropuertos y conexiones podríamos plantearnos resolver problemas de rutas óptimas en función de distintos parámetros: rapidez, coste del billete, número de escalas, etc.

El problema de los puentes de Königsberg

Déjame contarte, por si no lo sabes, que el primer problema de la historia que se resolvió usando grafos fue un problema relacionado, precisamente, con el diseño de una ruta. Fue en el siglo XVIII, en Königsberg (actualmente Kaliningrado), una ciudad prusiana situada en la desembocadura del río Pregel, sobre el que había en aquella época siete puentes. El Pregel dividía a la ciudad en cuatro partes, como se muestra en la siguiente figura.

Königsberg

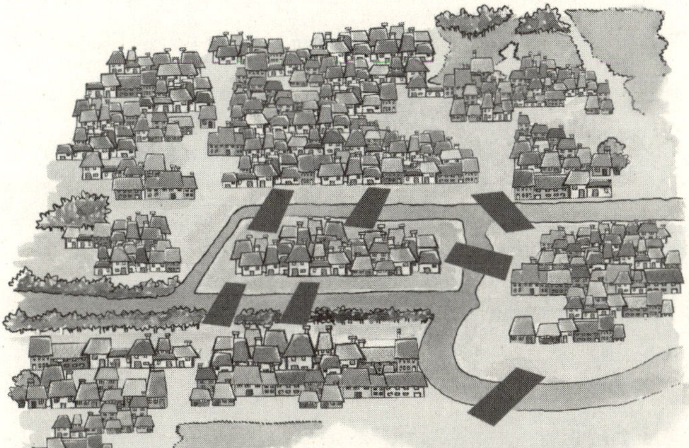

Un día cualquiera alguien formuló la siguiente pregunta: ¿es posible, comenzando en cualquier sitio de Königsberg, recorrer la ciudad pasando una vez y solo una por cada uno de los siete puentes sobre el río Pregel? Esta cuestión es conocida como el problema de los puentes de Königsberg. Ya, no nos hemos matado pensando el nombre. En esta primera pregunta no hemos impuesto que el punto de inicio coincida con el punto final del recorrido. Esa sería una pregunta diferente: ¿se puede diseñar un circuito, empezando y terminando en el mismo punto de la ciudad, que pase una, y solo una vez, por todos los puentes de Königsberg?

La respuesta a estas dos preguntas la dio uno de los mejores matemáticos de la historia, Leonhard Euler, y dio origen en 1736 a la teoría de grafos. Sí, porque Euler modeló el problema usando el que creemos que es el primer grafo de la historia de las matemáticas. Es muy probable que no lo sea, porque usar un grafo con puntos y rayas para modelar una situación me parece tan intuitivo que me cuesta creer que nadie lo hubiera hecho antes. Lo que sí tiene visos de ser cierto es que el primero que lo publicó fue nuestro amigo Leonhard. Y lo hizo como ha dibujado Raquel en la siguiente figura: un vértice por cada zona de la ciudad y una arista entre dos de esas zonas por cada puente que las una.

Königsberg

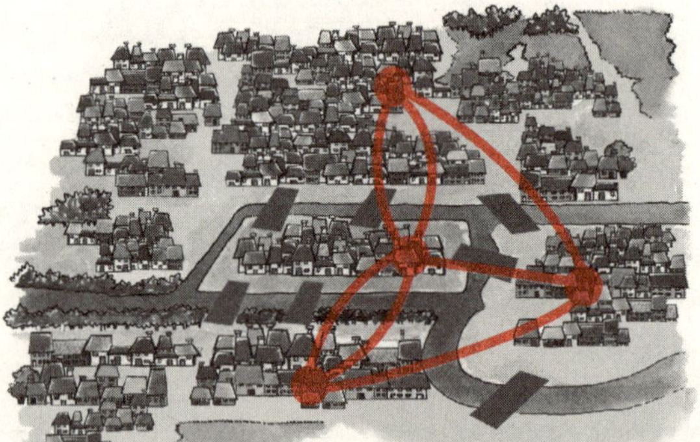

La pregunta sobre Königsberg se transforma en la siguiente pregunta: ¿se puede dibujar ese grafo rojo sin levantar el lápiz del papel y sin repetir ninguna de las líneas? ¿Y empezando y terminando en el mismo vértice?

La respuesta a ambas preguntas es no, según el teorema de Euler. Para que un grafo se pueda recorrer (o dibujar sin levantar el lápiz del papel), sin repetir ninguna arista, empezando y terminando en el mismo punto, de cada uno de los vértices debe partir un número par de aristas. En honor a Euler, a los grafos que tienen un número par de aristas en todos sus vértices les llamamos grafos eulerianos. En el grafo de Königsberg vemos cómo de todos los puntos salen un número impar de aristas (cinco desde el vértice central, el de la isla, y tres de los otros tres vértices). Para poder recorrer un grafo sin repetir arista pero sin la restricción de tener que empezar y terminar en el mismo vértice, Euler nos demostró que era necesario y suficiente que el grafo solo tuviera dos vértices con un número impar de aristas, condición que este de Königsberg tampoco cumple.

Este fue, como te he dicho, el primer problema que se resolvió con un grafo y dio respuesta a este acertijo en la ciudad de Königsberg. Pero sus aplicaciones van más allá de responder adivinanzas. Podemos pensar que en nuestro grafo las aristas, en lugar de ser los puentes sobre el río Pregel, son las calles de nuestro barrio que tienen contenedores de basura y que los vértices, los puntos, son las esquinas en las que se cruzan dichas calles. Podemos preguntarnos, pues, si sería posible diseñar una ruta para el camión de la basura que pasara por todas ellas, una vez pero solo una (por ahorrar tiempo, gasolina, molestias y, sobre todo, emisiones de CO_2) y empezando y terminando en el mismo sitio (el camión debe volver a su almacén). Ya sabes, gracias a Euler, que si de todas las esquinas parten un número par de calles, es decir, si el grafo es euleriano, la respuesta será afirmativa... y tenemos un algoritmo para encontrarla. Te lo contaré en un rato. En otro caso, es imposible, lo que plantea una nueva cuestión: asumiendo que deberá pasar por algunas calles más de una vez, diseñar la ruta que sea más eficiente en esas condiciones. Y aquí viene la gracia: a qué llamamos eficiente. Porque para alguien la más eficiente sería la más corta, pero para otra persona la más eficiente puede ser la que pase menos tiempo cerca de un centro sanitario, un centro escolar... Sí, el problema se puede poner muy cuesta arriba y complicarse cada vez más. Pero eso es lo apasionante y sexi de las matemáticas, esa belleza escurridiza que tienes que perseguir con paciencia y tesón hasta tenerla bien agarrada, sin que falte un detalle en la resolución.

No vamos a entrar en algoritmos muy técnicos porque no es la intención de este libro, pero sí te voy a contar, informalmente, el algoritmo de Euler para encontrar el recorrido cuando el grafo es euleriano.

El algoritmo de Euler consiste en ir buscando ciclos en el grafo e ir encajándolos unos con otros hasta tener el recorrido completo. Un ciclo de un grafo es un recorrido sobre el mismo que empieza y termina en el mismo vértice sin repetir aristas. Veamos cómo funciona el algoritmo sobre un grafo sencillo, el de la figura siguiente. Este grafo se llama $\mathbf{K}_5$, solo para que lo sepas, y de todos los vértices salen cuatro segmentos, es decir, un número par de aristas. O sea, $\mathbf{K}_5$ es un grafo euleriano. Por lo tanto, como afirmó Euler allá por el siglo XVIII, es posible encontrar un recorrido que pase por todas las aristas, sin repetir ninguna y que empiece y termine en el mismo sitio. Vamos a construirlo. Antes de nada, si el grafo es euleriano, podemos empezar y terminar el recorrido en cualquiera de los vértices.

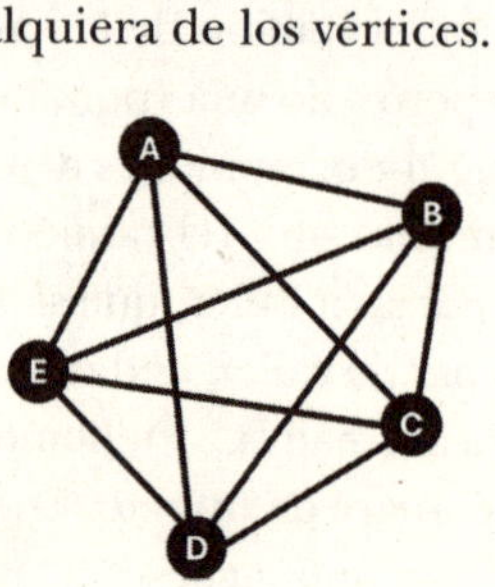

Empezamos en **A**. El primer paso del algoritmo consiste en encontrar un ciclo que empiece y termine en **A**. Esto siempre será posible si el grafo es euleriano (créeme, soy una señora mayor con gafas... y además está demostrado). No importa si el ciclo que elegimos es largo o corto. Si empezamos con ciclos cortitos, como **A-B-C-A**, por ejemplo, en lo único que nos va a afectar es que tendremos que repetir los pasos del algoritmo más veces. Sin embargo, pillemos un ciclo un poco más largo, por ejemplo, **A-D-B-C-D-E-B-A**. Lo hemos marcado en rojo en la siguiente figura.

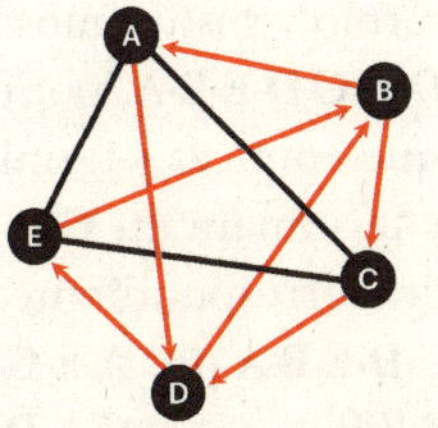

El siguiente paso es eliminar el ciclo del grafo y buscar otro que empiece y termine en un punto del ciclo que acabamos de borrar. Esto siempre es posible hacerlo, pues es una propiedad que tienen los grafos eulerianos que también está demostrada. Al borrar un ciclo, si siguen quedando aristas en el grafo, siempre es posible encontrar un ciclo que pase por alguno de los vértices que estaban en el ciclo que hemos borrado. Borremos, pues, el ciclo rojo **A-D-B-C-D-E-B-A**.

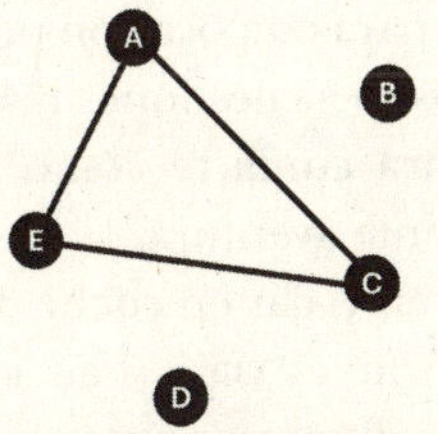

Esto ya es pan comido. Solo nos queda el ciclo **A-E-C-A** (o **A-C-E-A**, el que más te guste).

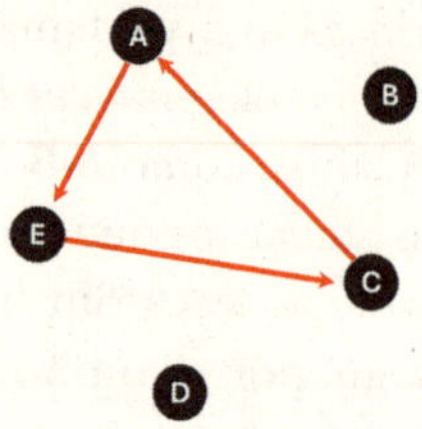

Borramos el ciclo rojo y sustituimos **A** en el primer ciclo que teníamos, el **A-D-B-C-D-E-B-A**, por el segundo ciclo que hemos encontrado que empieza y termina en **A**. Si el segundo ciclo empezara y terminara en **C**, por ejemplo, sustituiríamos **C** por el ciclo correspondiente. En este caso, sustituimos **A** en **A-D-B-C-D-E-B-A** por **A-E-C-A** y nos queda:

A-D-B-C-B-E-B-A → A-E-C-A-D-B-C-D-E-B-A

Si quedasen aristas en el grafo, tendríamos que repetir el proceso. No obstante, como en nuestro ejemplo ya hemos borrado todas, el ciclo nos da el recorrido que buscábamos: un recorrido que pasa por todas las aristas sin repetir ninguna, que empieza y termina en **A**.

A-E-C-A-D-B-C-D-E-B-A

Lo sé. Trabajar con grafos es muy divertido y emocionante. Por eso me encantan. Veamos ahora algunos algoritmos más.

Hay muchos algoritmos sobre grafos para optimizar las comunicaciones y desplazamientos entre sus vértices. He elegido tres de ellos para esta ocasión porque creo que resumen la esencia de las tres cuestiones más habituales en problemas de rutas. Para contarte cómo funcionan vamos a plantearnos la siguiente aventura.

Alicia y Bea quieren viajar en coche desde Ágrabah hasta Erebor. Para planificar el viaje, han confeccionado la siguiente tabla con las distancias entre las distintas ciudades.

Las casillas vacías indican que no existe carretera directa que una ambas ciudades.

	Ágrabah	Bywater	Coria	Diaspar	Erebor	Florin	Gilead	Hyrule
Ágrabah			35 km					
Bywater				13 km	2 km			
Coria	35 km				40 km			
Diaspar		13 km				15 km		
Erebor		2 km	40 km			30 km	33 km	
Florin				15 km	30 km		24 km	
Gilead	4 km	5 km			33 km	24 km		14 km
Hyrule	11 km						14 km	

Alicia y Bea no se ponen de acuerdo en cómo diseñar la ruta porque Alicia quiere elegir la más corta y Bea la que pase por menos ciudades intermedias. Tenemos un algoritmo para cada una de ellas: el algoritmo de Dijkstra para Alicia y el algoritmo BFS para Bea. Ambos algoritmos los vamos a aplicar sobre el grafo que modela este problema. Los vértices serán las ocho ciudades de la tabla y uniremos con una arista a dos de esas ciudades si existe carretera entre ellas. Para simplificar, en lugar de escribir en los vértices los nombres de las ciudades, los etiquetamos usando solo la inicial (son todas diferentes) y señalamos las aristas, las que corresponden a carreteras, con la distancia entre las ciudades correspondientes, como marca la tabla.

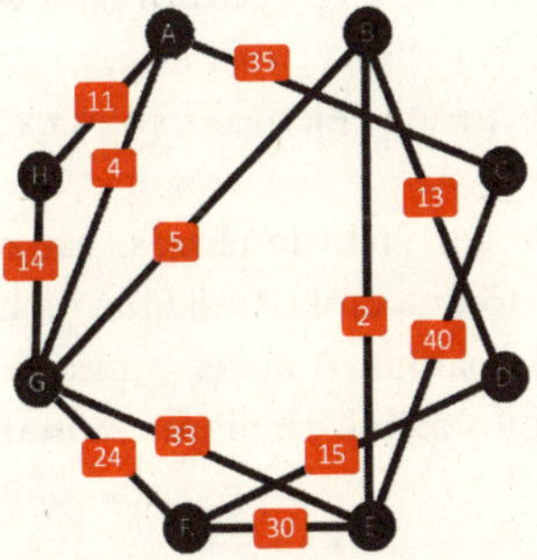

Empecemos por encontrar la ruta óptima entre Ágrabah y Erebor para Alicia, la ruta más corta, sin importarnos por cuántas ciudades pase. Para ello vamos a usar el algoritmo de Dijkstra. Este algoritmo es conocido como el algoritmo de los caminos mínimos porque calcula precisamente eso: los caminos más cortos desde un vértice fijo a todos los demás vértices del grafo. Como queremos ir de Ágrabah (vértice **A**) hasta Erebor (vértice **E**), calcularemos los caminos mínimos desde **A** hasta **E**. Allí nos paramos.

La idea es la siguiente: el algoritmo va construyendo un grafo auxiliar, con forma de árbol, con los vértices para los que ya ha encontrado el camino más corto desde **A**. Al comenzar, solo tenemos un vértice en el árbol, el propio **A**, que está a distancia 0 de sí mismo; todos los demás vértices estarán almacenados en un conjunto: el conjunto de los vértices no visitados. En cada paso, elegiremos el vértice no visitado que esté a menor distancia de **A**. Una vez seleccionado se añade al árbol y se actualizan las etiquetas (si son mejores) de sus vecinos.

¿Cómo va lo de las etiquetas? Los vértices tendrán una etiqueta con dos datos: (**R**,**V**). El primer dato, **R**, es la distancia hasta **A** en el paso del algoritmo en el que estemos; el segundo dato, **V**, es el vértice al que ese vértice etiquetado se tendría que «enganchar» en el árbol para estar a esa distancia, **R**, del vértice **A**.

Veámoslo con nuestro ejemplo, pues es mucho más simple de lo que suena.

Para hacerlo de forma ordenada, se van anotando los distintos pasos usando una tabla. Cada fila de la tabla representa un paso del algoritmo. A la vez, vamos a ir dibujando el grafo, que llamamos árbol, en el que se marcan los caminos mínimos.

Allá vamos.

El primer vértice que ponemos en el árbol es, lógicamente, **A**, el vértice desde el que quiero calcular los caminos mínimos. Ahora etiquetamos los demás.

- **Vértice B**: lo etiquetamos con **(∞,-)**. ¿Por qué ∞? Porque, de momento, como no está unido a **A**, que es el único vértice en el árbol, es imposible llegar a **A**. Decimos que están a una distancia infinita porque no se puede llegar de **B** hasta **A**, ya que no están unidos por ahora. Cuando la primera etiqueta es ∞, la segunda se queda vacía.
- **Vértice C**: lleva la etiqueta **(35,A)**. Podríamos añadirlo al árbol (formado ahora mismo solo por el vértice **A**) usando la arista que lo une con **A**, y la distancia entre ambos puntos es 35.
- **Vértices D, E y F**: **(∞,-)**. Por la misma razón que el vértice **B**.
- **Vértice G**: **(4,A)**. Podríamos añadirlo al árbol usando la arista que lo une con **A**, y la distancia es 4.
- **Vértice H**: **(11,A)**. Podríamos añadirlo al árbol usando la arista que lo une con **A**, a una distancia de 11.

Escribimos toda la información, como hemos dicho, en una tabla. Y vamos construyendo el grafo paso a paso.

A	B	C	D	E	F	G	H
SALIDA	(∞,-)	(35,A)	(∞,-)	(∞,-)	(∞,-)	(4,A)	(11,A)

Una vez que tenemos etiquetados todos los vértices que son accesibles desde **A** añadimos al árbol de caminos mínimos aquel cuya primera etiqueta sea menor. En nuestro ejemplo añadimos el vértice **G**, a distancia 4 de **A**.

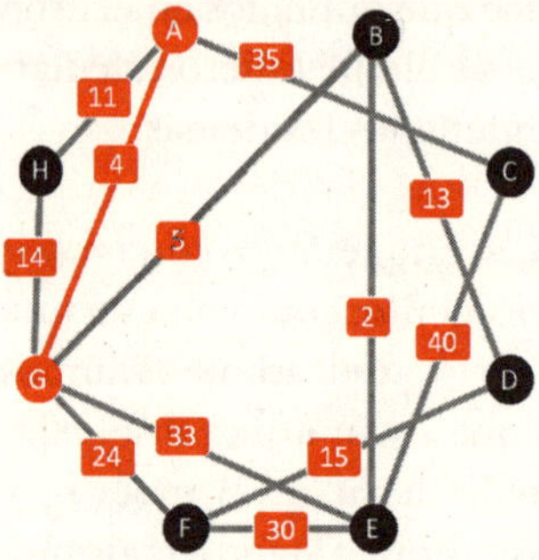

Una vez que hemos añadido **G** al árbol de caminos mínimos actualizamos las etiquetas del resto de los vértices, puesto que ahora se pueden enganchar al árbol también a través de **G**. Este es el paso crucial; si lo entiendes, ya es tuyo el algoritmo. Fíjate, no es tan complicado.

- **Vértice B**: su etiqueta cambia a **(9,G)**, puesto que si usamos la arista que lo une con **G**, tenemos un camino de longitud 9 hasta **A**.
- **Vértice C**: **(35,A)**. Sigue igual, no cambia nada porque no está unido al nuevo vértice en el árbol, **G**.
- **Vértice D**: **(∞,-)**. Sin cambios por la misma razón que **C**.
- **Vértice E**: su etiqueta cambia a **(37,G)**, puesto que si usamos la arista que lo une con **G**, tenemos un camino de longitud 37 hasta **A**.
- **Vértice F**: su etiqueta cambia a **(28,G)**, puesto que si usamos la arista que lo une con **G**, tenemos un camino de longitud 28 hasta **A**.
- **Vértice H**: ahora tenemos un nuevo camino de **H** hasta **A** a través de **G**, pero como es más largo (18 km en total), dejamos la etiqueta que tenía, **(11,A)**. Si el camino a través de **G** fuese más corto, le actualizaríamos la etiqueta.

Actualizamos la tabla, elegimos al vértice con menor etiqueta y lo añadimos al árbol, uniéndolo al vértice que indica su etiqueta.

A	B	C	D	E	F	G	H
SALIDA	(∞,-)	(35,A)	(∞,-)	(∞,-)	(∞,-)	(4,A)	(11,A)
	(9,G)	(35,A)	(∞,-)	(37,G)	(28,G)		(11,A)

Es el turno de añadir el vértice **B** al árbol y se une enganchándose al vértice que tiene en su etiqueta, **G**. Vamos pintando el árbol en rojo sobre el grafo inicial.

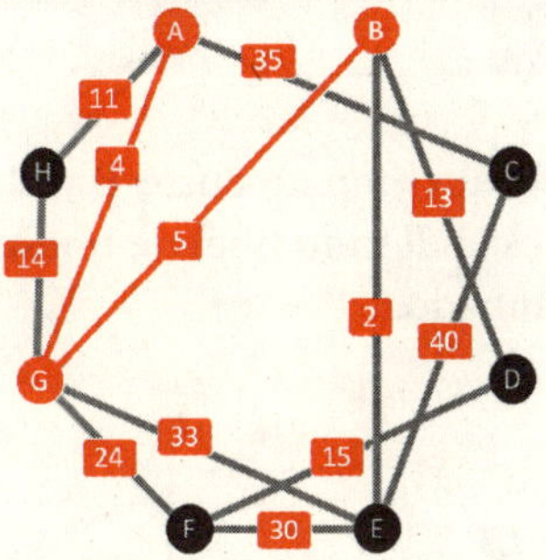

Una vez que hemos añadido **B** al árbol de caminos mínimos revisamos las etiquetas del resto de los vértices, puesto que ahora se pueden enganchar al árbol también a través de **B**.

- **Vértice C**: **(35,A)**. Sigue igual, pues no está unido al nuevo vértice en el árbol, **B**.
- **Vértice D**: su etiqueta cambia a **(22,B)**, puesto que si usamos la arista que lo une con **B**, tenemos un camino de longitud 22 hasta **A**.
- **Vértice E**: su etiqueta cambia a **(11,B)**, puesto que si usamos la arista que lo une con **B**, tenemos un camino de longitud 11 hasta **A**, mejor que el que teníamos a través de **G**.

- **Vértice F**: **(28,G)**. Sigue igual, ya que no está unido al nuevo vértice en el árbol, **B**.
- **Vértice H**: **(11,A)**. Sigue igual, pues no está unido al nuevo vértice en el árbol, **B**.

Actualizamos la tabla, elegimos al vértice con menor etiqueta y lo añadimos al árbol, uniéndolo al vértice que indica su etiqueta.

A	B	C	D	E	F	G	H
SALIDA	(∞,-)	(35,A)	(∞,-)	(∞,-)	(∞,-)	(4,A)	(11,A)
	(9,G)	(35,A)	(∞,-)	(37,G)	(28,G)		(11,A)
		(35,A)	(22,B)	(11,B)	(28,G)		(11,A)

Ahora tenemos un empate entre **E** y **H**. Elegimos **E**, de Erebor, porque es el destino final de nuestros amigos. Ahora sí, hemos terminado.

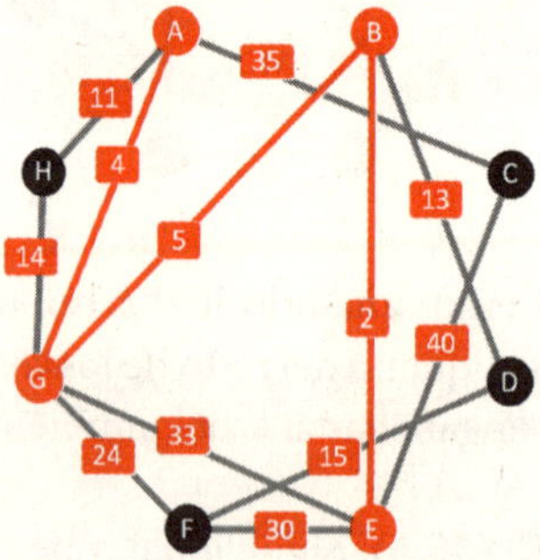

Ya tenemos la ruta que quería Alicia desde Ágrabah hasta Erebor por el camino más corto. Hay que ir desde Ágrabah hasta Gilead (4 km), desde allí a Bywater (5 km) y, por último, de Bywater a Erebor (2 km). En total serían 11 km, lo que marcaba la etiqueta de **E**.

Si continuáramos con el algoritmo, obtendríamos todas las rutas mínimas desde Ágrabah hasta las otras siete ciudades.

Ea, ya conocemos otro algoritmo que puede facilitarnos mucho la vida. Y que te puede servir para entretenerte un ratito y escapar del mundanal ruido si lo realizas a mano, justo como acabamos de hacer. O como lo hacía su creador, Edsger W. Dijkstra.

Edsger Wybe Dijkstra fue uno de los grandes pioneros de la informática moderna y también alguien singular, con una personalidad que no dejó indiferente a nadie que lo conociera. No me atrevo a decir que fue tan querido como detestado porque no sé el porcentaje pero, por lo que he leído y me han contado, de todo hubo. Dejó una huella imborrable en el mundo de la informática, no solo por sus contribuciones científicas (como el algoritmo que te acabo de contar), sino por su estilo provocador, su honestidad sin diplomacia y su elegancia como conversador y escritor. No tuve el gusto de conocerle y no puedo opinar de primera mano, pero, como te he dicho, hay gente que decía de él que era soberbio y prepotente y gente que lo adoraba por su empatía y sentido de la justicia. Yo me quedo con las ganas de haberlo conocido.

Una cosa que me fascina de la personalidad de Dijkstra es que, siendo como fue uno de los pioneros de la computación, no usó ordenadores en su trabajo durante décadas.

Todo lo hacía a mano, con su pluma Montblanc, o con la máquina de escribir cuando tenía que redactar artículos. Cuando por fin le convencieron de tener un ordenador, solo lo usaba para el correo y mirar cosas en internet, pero no para programar o para procesar sus textos. Supongo, pero es cosa solo mía, que no quiso abandonar nunca al matemático y físico teórico que llevaba dentro y que se entendía mejor con el papel. Pero ya te digo, es solo una intuición de matemática porque me pasa lo mismo, solo puedo pensar son bolígrafo y papel. O con tiza y pizarra.

Dijkstra nació en Róterdam, Países Bajos, en 1930. Estudió matemáticas y física teórica, pero animado por Adriaan van Wijngaarden, su director de tesis, se volcó en la computación. Después contaría que lo hizo porque Van Wijngaarden le dijo que alguien tendría que dotar a esta nueva disciplina del rigor matemático y la elegancia conceptual que necesitaba. Fue profesor en la Universidad Tecnológica de Eindhoven desde 1962 hasta 1984. En 1973 recibió el premio Turing, el más prestigioso en informática, por sus contribuciones fundamentales a la teoría de la programación. En 1984 se trasladó a la Universidad de Texas en Austin, donde fue investigador distinguido hasta su jubilación. Allí continuó escribiendo sus famosos informes técnicos EWD (por sus iniciales), una serie numerada de artículos manuscritos que abarcaban desde algoritmos hasta reflexiones filosóficas sobre la ciencia.

Con el menor número de escalas

Hemos ayudado a Alicia a encontrar la ruta más corta, pero no podemos olvidarnos de Bea, que quería una ruta con el menor número de escalas posibles. Para ella tenemos un algoritmo conocido como algoritmo de búsqueda en anchura, el cual acortamos siempre como **BFS** (por el inglés, *breadth-first search*). Para encontrar el camino con menos ciudades intermedias entre Ágrabah y Erebor, no necesitamos tener en cuenta la longitud de las carreteras entre ciudades porque eso no afecta a la solución. O sea, que trabajaremos sobre este grafo.

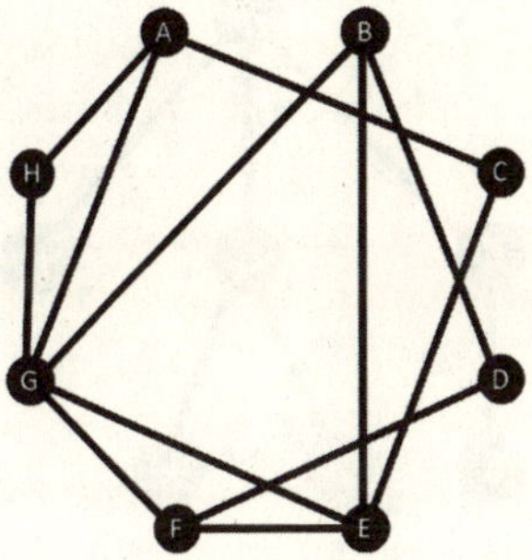

Como antes, vamos a construir un árbol, en el que aparecerán los caminos más directos (con menos intermediarios) desde Ágrabah a las otras siete ciudades. Este tipo de caminos, minimizando intermediarios, aparte de ser interesante para planificar grandes viajes sin hacer muchas escalas en aeropuertos, por ejemplo, también se usa mucho en comunicación para hacer llegar un mensaje con el menor número de intermediarios y evitar, en la medida de lo posible, la distorsión del mismo.

El algoritmo **BFS** usa la siguiente idea para construir el árbol de caminos con menos intermediarios. Partiendo de **A** dibujamos todos los vértices que sean adyacentes a él (los que están unidos a **A** con una arista). Una vez hecho esto con **A**, hacemos lo mismo desde cada uno de los vértices que hemos añadido, los *hijos* de **A** en el árbol que estamos dibujando. ¿En qué orden? En orden alfabético, por ejemplo. **A** tiene tres *hijos*: **C**, **G** y **H**. Empezamos por **C** y le colocamos a su hijo, **E**; seguimos con **G** y le colocamos a sus hijos, **B** y **F** (el resto de los hijos de **G** ya están en el árbol); a **H** no le colocamos nada porque sus hijos ya están también. En este momento, hacemos lo mismo con los nietos de **A**. El único nieto de **A** que está unido a un vértice que no se encuentra aún en el árbol es **B**, que se halla unido a **F**. Hemos terminado: ya están las ocho ciudades.

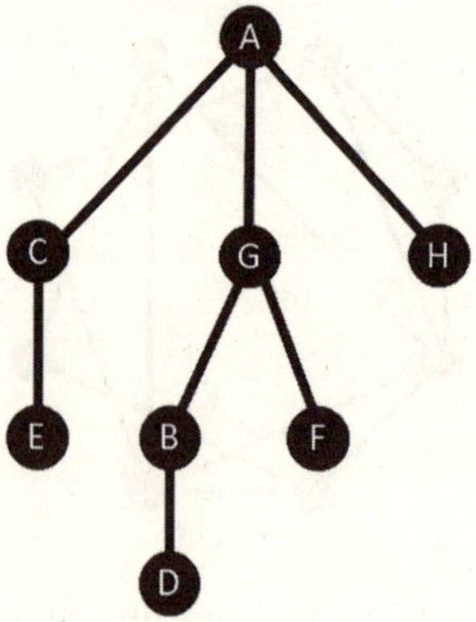

Como vemos en el árbol, el camino que quiere Bea, desde Ágrabah hasta Erebor con el menor número de ciudades por el camino, es Ágrabah-Coria-Erebor, con solo una escala. Ya sé lo que estás pensando: que también podría hacer Ágrabah-Gilead-Erebor, que solo tiene una ciudad intermedia también y son menos kilómetros. Es verdad. Pero como solución al problema de minimizar las escalas es tan buena como pasar por Coria, porque no estamos teniendo en cuenta los kilómetros.

Ya hemos visto dos de los tres algoritmos de caminos mínimos que quería contarte: el algoritmo de Dijkstra y el BFS, cada uno con un criterio distinto. Para presentarte el tercero vamos a suponer que ha habido un terremoto en la zona y han quedado inhabilitadas todas las carreteras. El problema que nos planteamos ahora es qué carreteras debemos reparar en primera instancia con dos objetivos de emergencia: que ninguna ciudad se quede aislada y que el número de kilómetros totales a reconstruir sea el menor posible (para terminar cuanto antes).

Para resolver esta situación de emergencia vamos a construir lo que en matemáticas llamamos un árbol recubridor mínimo o **MST** (del inglés, *minimum spanning tree*) del grafo de carreteras. ¿Qué es un **MST**? Un **MST** de un grafo se encuentra formado por un subconjunto de aristas del mismo cumpliendo que ningún vértice se queda aislado (a todos llega por lo menos una arista) y tiene la menor longitud posible.

Para este problema necesitamos conocer la longitud de las carreteras (de las aristas), por lo que trabajaremos con el mismo grafo con el que vimos el algoritmo de Dijkstra.

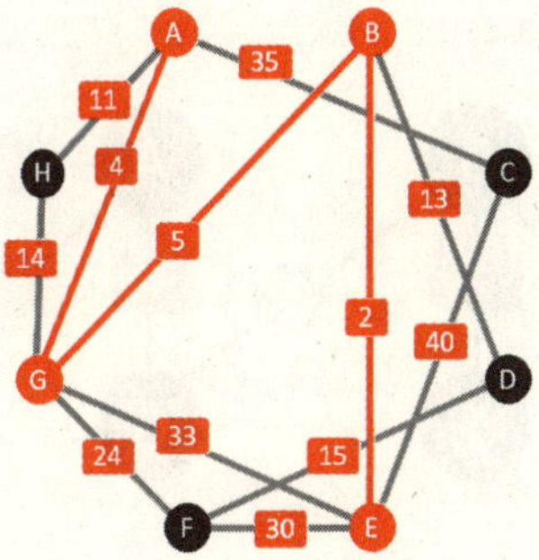

Hay varios algoritmos que nos ayudan a calcular el **MST** en grafos ponderados, pero yo he elegido, por su claridad y eficiencia, el algoritmo de Kruskal. La idea es bastante simple:

- Ordenamos las aristas del grafo de menor a mayor longitud.
- Elegimos la arista de menor longitud (si hay dos con la misma longitud, la que prefiramos).
- Vamos eligiendo, en la lista ordenada por longitudes, las aristas y las añadimos al árbol siempre que no formen un ciclo con las que ya están. Si forman ciclo, la desechamos y pasamos a otra.

- Si en algún momento hay que elegir entre dos aristas de la misma longitud, es indiferente la que elijamos. Puede que el **MST** salga distinto, pero la longitud total será la mínima.
- Cuando estén todos los vértices del grafo en el árbol, habremos terminado.

La lista ordenada de aristas de nuestro grafo sería esta:

1) **(B,E)** - 2 km	2) **(A,G)** - 4 km	3) **(B,G)** - 5 km	4) **(A,H)** - 11 km
5) **(B,D)** - 13 km	6) **(H,G)** - 14 km	7) **(F,D)** - 15 km	8) **(F,G)** - 15 km
9) **(E,F)** - 30 km	10) **(E,G)** - 33 km	11) **(A,C)** - 35 km	12) **(E,C)** - 40 km

Y el árbol sería este:

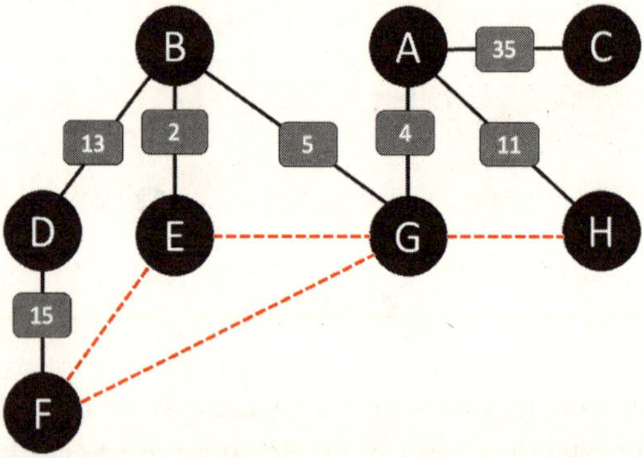

Hemos ido añadiendo aristas, de menor a mayor longitud, salvo aquellas que al ser añadidas formaban un ciclo, como ha sido el caso de las que aparecen en rojo: **(G,H)**, **(F,G)**, **(F,E)** y **(E,G)**. Cuando le ha tocado el turno a la arista **(G,H)**, ya estaban colocadas **(A,G)** y **(A,H)**, con lo que con **(G,H)** hubieran formado el ciclo cerrado **A-G-H-A** y, en caso de reparación de emergencia, nos sobraría una: la que ha llegado la última, que es la más larga. Por razones análogas no están tampoco **(F,G)**, **(F,E)** y **(E,G)**.

El **MST** es el árbol de menor longitud total que conecta a todas las ciudades, pero no proporciona caminos mínimos entre dos de ellas. En este tipo de problemas, no nos preocupa que las ciudades queden cerca entre sí, sino que el coste o el tiempo necesario para la reconstrucción sea el menor posible.

Este algoritmo se lo debemos a Joseph Kruskal, quien lo publicó en 1956. Joseph B. Kruskal nació en Nueva York en 1928, se graduó en la Universidad de Chicago y se doctoró en la Universidad de Princeton en 1954. Aunque sus directores de tesis fueron oficialmente Albert W. Tucker y Roger Lyndon, Kruskal siempre contaba que su principal inspiración para dedicarse a las matemáticas fueron sus conversaciones con Paul Erdős. Y no me extraña: todos los que conocieron a Erdős cayeron rendidos a la belleza de las matemáticas.

Mucho antes de que la mayoría de los informáticos intuyeran las posibilidades de analizar conjuntos de datos, Kruskal ya había diseñado métodos para manejar 10.000 datos de entrada, en una época en la que como mucho se podían manejar 100. Su libro *Time Warps, String Edits, and Macromolecules*, publicado en 1983, es reconocido como un clásico en el campo de la inteligencia artificial. También dejó importantes contribuciones en campos tan diversos como la electrónica naval, la citoquímica cuantitativa o la tomografía computarizada.

Según cuentan sus colegas y estudiantes, Joe fue, a la vez, un matemático puro y un matemático aplicado, y en ambos casos con excelencia. Siempre tuvo consejos alentadores para los más jóvenes y desplegaba amabilidad y empatía incluso con sus peores adversarios ideológicos: «Fue una persona modesta que parecía desconocer sus propios logros, que fueron verdaderamente monumentales».

El problema del viajante

Los algoritmos son maravillosos y mejoran nuestras vidas desde la Antigüedad, en cada época con su estilo, algo indiscutible. Pero hay problemas para los que, en pleno siglo XXI, no somos capaces de diseñar algoritmos óptimos, que lo hagan lo mejor posible. Al menos, no por ahora. Uno de ellos, seguramente de los más conocidos, es el problema del viajante o **TSP** (del inglés, *traveling salesman problem*). El planteamiento es tan simple que, cuando te lo cuentan, no puedes evitar intentar resolverlo, aunque te hayan advertido de que nadie lo ha conseguido en lo que llevamos de humanidad.

Veámoslo con el grafo de ciudades que hemos estado usando en este capítulo. Se trata de buscar una ruta en nuestro grafo que salga por ejemplo de Ágrabah y pase por todas las ciudades, por las otras siete, sin pasar dos veces por la misma y de forma que el recorrido total sea el mínimo posible. En nuestro grafo, con solo ocho vértices y muy pocas aristas, puede que sea abarcable la solución. Pero, en general, si tienes veinticinco ciudades y quieres dar una ruta que pase por todas ellas, sin pasar dos veces por la misma y volviendo al punto de partida, es un problema que no sabemos resolver de forma óptima ni con los mejores ordenadores del mundo.

En cualquier caso, cuando hablamos de resolver el problema del viajante no nos referimos a resolverlo para un ejemplo concreto, sino a diseñar un algoritmo que lo resuelva, en tiempo razonable, para cualquier conjunto de puntos. Esto es lo que no sabemos hacer. Por ahora.

A lo mejor estás pensando que, para resolverlo, bastaría con probar todas las posibles rutas y elegir la más corta, ¿no? Sería una opción, claro, si no fuera porque el número de opciones crece exponencialmente y se hace inabarcable incluso para las mejores computadoras que existen en la actualidad.

Es más, en la práctica, si alguien lo resolviera de forma óptima, tendríamos un problema de seguridad mundial mucho más importante. Ese es, precisamente, el argumento de la película de 2012 *Travelling Salesman*, en la que cuatro matemáticos han resuelto el problema más difícil en la historia de la informática. Los cuatro, casualmente cuatro hombres y estadounidenses, han creado conjuntamente un sistema que podría ser el próximo gran avance para nuestra civilización, pero también podría destruir la humanidad. La solución del problema del viajante podría aplicarse inmediatamente en la informática, sí, pero su aplicación no tardaría en extenderse a un sinnúmero de otras disciplinas.

Por ejemplo, un *hacker* podría romper los códigos de cifrado más avanzados en cuestión de segundos, una tarea que ahora lleva semanas, meses o incluso años. Podría entrar en el control del tráfico aéreo, apoderarse de la red china de comunicaciones o controlar misiles nucleares.

Pero, de momento, podemos respirar con tranquilidad, porque no hay noticias de que vaya a ser resuelto. Resuelto de forma óptima, claro, porque resolverlo de forma aproximada sí que se puede y de hecho alguna empresa de logística, que no vamos a mencionar, lo hace muy bien: lo de repartir paquetes en muy poco tiempo. ¿Cómo? La empresa esa de la que hablo, no lo sé, pero existen algoritmos que, aunque no nos den la solución óptima, nos ofrecen otras muy buenas. De esos algoritmos hablaremos en el próximo capítulo.

Vamos a cerrar este capítulo hablando de uno de los algoritmos con más presencia en nuestras vidas: el algoritmo de Google. ¿Te has parado a pensar alguna vez qué hace Google y cómo lo hace?

Si pones cualquier búsqueda en Google, por ejemplo, el nombre del pueblo donde nació tu madre, en menos de un segundo el buscador te encuentra todas las páginas que contienen el nombre del pueblo y, en ese tiempo, al *notas* le da tiempo a ordenarlas. Tan ordenadas que casi nunca pasas a la segunda página de búsqueda. Esto me recuerda a un chiste que me contaban hace unos años mis estudiantes de la Escuela de Informática de la Universidad de Sevilla: «Si quieres esconder un cadáver, ponlo en la página 2 de Google, que allí no mira nunca nadie». A mí me hacía gracia, pero, claro, son mis estudiantes; no puedo ser objetiva.

¿Cómo hace esta magia el algoritmo de Google? Con un poquito de teoría de grafos, un poquito de teoría de probabilidad y un poquito de álgebra. Es un algoritmo, como te imaginas, bastante técnico, pero podemos contar, sin entrar en muchos tecnicismos, la filosofía del mismo. La clave de su éxito se encuentra en ordenar bien las páginas que aparecen en la búsqueda, para que los resultados sean efectivos y eficientes. El algoritmo que usa para esto, o el principal algoritmo que usa para esto, se llama PageRank, y sus creadores, Larry Page y Sergey Brin, lo publicaron allá por 1994. Bueno, hay, al menos, dos algoritmos para posicionarse en Google: el PageRank, que ordena las páginas por relevancia en la red, y el Pague-Rank, que te posiciona a golpe de dólares.

Para ordenar las páginas por relevancia, la idea es construir un grafo. En él los vértices serán las páginas web y las aristas (para este grafo serán dirigidas, es decir, tendrán una dirección concreta) irán de una página **A** hasta una página **B**, si en la página **A** existe un enlace que te lleva a la página **B**. ¿Qué significa ser relevante en un grafo? Pongamos un ejemplo con un grafo pequeño, solo para hacernos una idea que subyace en el algoritmo. Un grafo pequeño y sin dirección en las aristas, para simplificar un poco más.

Imaginemos que el siguiente grafo corresponde a un trocito de internet, un trocito muy pequeñito. Cada vértice es una página web y dos vértices que están unidos con una arista, dos webs que se enlazan mutuamente. Vamos a tratar de averiguar qué web es la más relevante en este trocito de internet. Hemos etiquetado cada vértice con un número que corresponde al número de enlaces de ese vértice en la red, lo que formalmente llamamos «valencia» o «grado del vértice».

¿Cuál es, pues, el vértice más relevante en este rinconcito de internet?

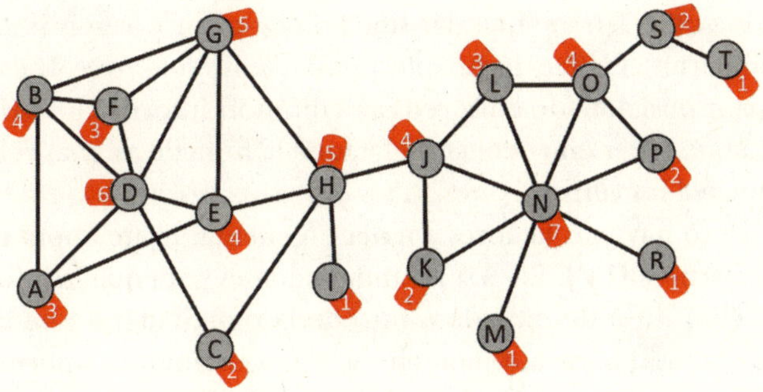

Una respuesta lógica y rápida sería decir que el vértice más importante en la red es el **N** porque tiene más enlaces, o mayor valencia, que los demás. Es un buen criterio, claro, pero no es el único para ser el más relevante en la red. Que el nodo **N** tiene valencia 7 lo escribimos así: $val(\mathrm{N}) = 7$

Fíjate en el vértice **D**. Tiene valencia 6, $val(\mathrm{D}) = 6$ menor que **N**, sí, pero si sumas las valencias de los vértices que llegan a **D** el resultado será:

$$val(\mathrm{A}) + val(\mathrm{B}) + val(\mathrm{C}) + val(\mathrm{E}) + val(\mathrm{F}) + val(\mathrm{G}) =$$
$$3 + 4 + 2 + 4 + 3 + 5 = 21$$

Si ahora sumamos las valencias de los vértices que llegan a **N** nos queda:

$$val(\mathrm{J}) + val(\mathrm{K}) + val(\mathrm{L}) + val(\mathrm{M}) + val(\mathrm{O}) + val(\mathrm{P}) + val(\mathrm{R}) = 17$$

Por lo tanto, cualquier información que comparta el nodo **D** llegará, potencialmente, a más gente. Y esto nos decantaría a pensar que **D** es el vértice más relevante en esa red. Y ya está.

¿Ya está? No, no es tan fácil. Fíjate en el vértice **L**. Solo tiene valencia 3, cierto, pero está mejor posicionado en la red que el vértice **D** porque puede hacer llegar una información desde su web a cualquier otra web de la red en solo cuatro pasos, mientras que para que una información desde **D** llegue a **T** tiene que dar siete, o sea, pasar por seis intermediarios. Parece razonable pensar, entonces, que **L** está mejor posicionado en la red para difundir información. Habrá que tener en cuenta este factor a la hora de asignar relevancia a los vértices.

Pero hay más factores a tener en cuenta. Fíjate ahora en los vértices **H** y **J**. Ellos son fundamentales para que la información fluya de un lado a otro de la red. Si alguno de los dos no comparte un mensaje, se corta el flujo de información entre la zona derecha y la izquierda de la red.

Entonces, ¿cómo podemos calcular cuál es el vértice más relevante en una red? Combinando algebraicamente estas medidas de «importancia» que hemos señalado (número de enlaces, importancia de los vértices enlazados, posición en la red...) con un factor de probabilidad, pues la navegación en internet también depende del azar. No les ha ido mal a aquellos dos chicos, Larry Page y Sergey Brin, que se conocieron en 1995 en la Universidad de Stanford mientras hacían su doctorado. Al fin y al cabo, se han convertido en dos de las personas más poderosas del mundo sin usar más armas que las matemáticas.

7

La isla de las almas perdidas

Decía Richard Feynman que «para aquellos que no conocen las matemáticas, es difícil sentir la belleza, la profunda belleza de la naturaleza... Si quieres aprender sobre la naturaleza, apreciar la naturaleza, es necesario aprender el lenguaje en el que habla».

Y tenía razón don Richard. Los modelos matemáticos son imprescindibles para explicar y predecir los fenómenos naturales. Estoy convencida de que en esto estamos casi todos de acuerdo. Lo que no sé si mucha gente sabe es que este es un camino de ida y vuelta y que las matemáticas, en concreto en el diseño de algoritmos eficientes, aprenden de la naturaleza y copian sus métodos para obtener soluciones eficientes.

En este capítulo vamos a conocer un par de ejemplos de estos plagios, algoritmos que se inspiran en las técnicas de la naturaleza para construir un individuo ideal, que en algoritmia es una buena solución de un problema.

Más que algoritmos que resuelven un problema concreto, vamos a hablar de dos clases de algoritmos bioinspirados: los algoritmos genéticos y los algoritmos de colonias de hormigas. Aunque no son los únicos, hay muchos más.

Viva la diversidad

La primera vez que me contaron cómo funciona un algoritmo genético yo ya había terminado mi licenciatura en Matemáticas. Venía de pasar cinco años de mi vida aprendiendo, especialmente, a dudar de todo lo que no se pudiera demostrar. En ese camino que fue la carrera, camino muy empinado en muchas ocasiones, nunca fui muy amiga de la incertidumbre. Quizás por eso la Estadística de tercero fue la penúltima asignatura que aprobé, cuando ya estaba terminando quinto. Afortunadamente, la vida (en este caso, Twitter) puso a Anabel Forte en mi camino, y aprendí a quererla. A la Estadística. Bueno, y a ella. La cosa es que la primera vez que oí cómo funcionaba un algoritmo genético, me eché a reír, incrédula (e ignorante también), porque aquello tan incierto y aleatorio no podía funcionar nunca. Y me tuve que tragar, con mucho gusto, eso sí, mis palabras, mi escepticismo y mi carcajada. Te lo cuento por si te pasa lo mismo. Es destriparte un poco el final, pero sí, funcionan.

Los algoritmos genéticos (AG) pertenecen al conjunto de los llamados algoritmos evolutivos (AE), que son métodos de optimización inspirados en los mecanismos de la evolución biológica, como la selección natural, mutación, cruce y herencia. Se usan para encontrar soluciones aproximadas a problemas complejos, especialmente cuando el conjunto de soluciones es muy grande o no se conoce bien. El funcionamiento básico de un AE consiste en elegir una población inicial de soluciones candidatas e ir modificándolas a través de generaciones sucesivas, aplicando operaciones inspiradas en la biología evolutiva, con el objetivo de mejorar la calidad de las soluciones y aproximarse a la solución óptima. Dentro de los AE, los algoritmos genéticos son, probablemente, los más conocidos.

Para explicarte coloquialmente con un ejemplo cómo funciona (en esencia) un algoritmo genético, vamos a recuperar del capítulo anterior el problema del viajante, al que me referiré con las siglas TSP (del inglés, *travelling salesman problem*), que es muy habitual en la comunidad matemática. El planteamiento del TSP es muy simple: dado un conjunto de ciudades conectadas entre sí por carreteras, hay que diseñar la ruta más corta que, saliendo desde un determinado punto, recorra todas las ciudades y vuelva a dicho punto de partida. Cuando el número de ciudades es mayor que, digamos, treinta, el TSP es prácticamente imposible de resolver con exactitud. Digo prácticamente imposible porque sí hay algunos algoritmos que logran resolverlo para conjuntos de ciudades más grandes pero con alguna distribución especial.

En un primer acercamiento a este problema, alguien podría pensar que para resolverlo basta con probar con todas las rutas posibles, intercambiando el orden de las ciudades visitadas, calcular la longitud de cada una de esas posibles rutas y quedarse con la más corta. Bien. Salvo por el pequeño detalle de que esta solución solo es posible de calcular para un número muy pequeño de ciudades.

Para que nos hagamos una idea, si tenemos tres ciudades, que, en un ataque de originalidad, procedemos a llamar **A**, **B** y **C**, ¿cuántas rutas posibles hay? Solo una, porque la longitud de la ruta total será la suma de las aristas del triángulo de vértices **A-B-C**. Da igual el sentido en el que recorramos ese triángulo.

Para cuatro ciudades, **A**, **B**, **C**, **D**, tendremos tantas rutas como ordenaciones posibles de las tres ciudades que no son **A** (que es la salida y la llegada de la ruta) dividido entre dos. ¿Por qué hay que dividir entre dos? Porque no nos importa el sentido del recorrido, sino la longitud total de la ruta para el viajante. Por lo tanto, la ruta **A-B-C-D-A** es igual que la ruta **A-D-C-B-A**, porque miden lo mismo. De las seis ordenaciones posibles de **B**, **C** y **D**,

B-C-D	**B-D-C**	**C-B-D**	**C-D-B**	**D-B-C**	**D-C-B**

nos quedamos solo con las tres que producen caminos distintos:

B-C-D	**B-D-C**	**C-B-D**

que vamos a llamar rutas **R_1: A-B-C-D-A**, **R_2: A-B-D-C-A**, y **R_3: A-C-B-D-A**.

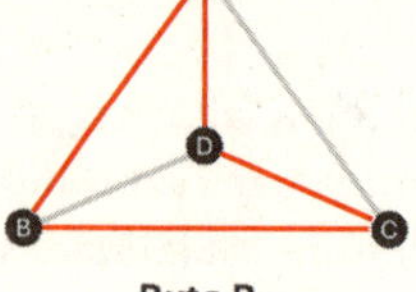

Ruta R_1

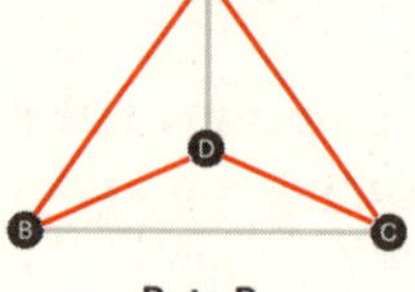

Ruta R_2

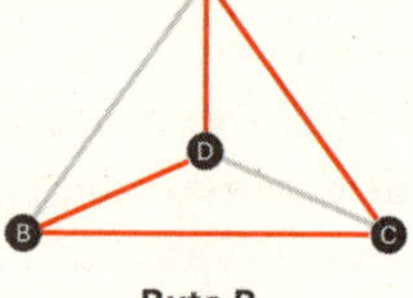

Ruta R_3

Ahora escribimos **d(X,Y)** para referirnos a la distancia entre dos ciudades **X** e **Y**. O sea, **d(A,B)**, por ejemplo, indica la distancia entre las ciudades **A** y **B**. Y, por último, llamamos **L(X)** a la longitud total de una ruta **X**. Por ejemplo, $\mathbf{L(R_1)}$ será el valor de la longitud total de la ruta $\mathbf{R_1}$. Así podemos escribir que:

$$L(R_1) = d(A,B) + d(B,C) + d(C,D) + d(D,A)$$
$$L(R_2) = d(A,B) + d(B,D) + d(D,C) + d(C,A)$$
$$L(R_3) = d(A,C) + d(C,B) + d(B,D) + d(D,A)$$

Resolver el problema del viajante para estas cuatro ciudades consiste en calcular $L(R_1)$, $L(R)_2$ y $L(R_3)$ y quedarse con la ruta más corta de las tres. Fácil.

Si seguimos con cinco ciudades, tendríamos tantas rutas como posibles ordenaciones de las cuatro ciudades que no son la ciudad **A** dividido entre dos. Para cuatro ciudades son, pues, $4 \times 3 \times 2 = 24$ rutas distintas que, al dividir entre dos, nos dan 12 rutas diferentes para nuestro viajante. Si tienes papel y lápiz, te puedes entretener un rato dibujando las doce rutas distintas entre cinco puntos en un grafo.

El producto $4 \times 3 \times 2$ lo escribimos como 4! y lo leemos como factorial de 4 o 4 factorial. Y no, no hace falta gritarlo, aunque tenga un signo de admiración. Tenemos, por lo tanto, que para cinco ciudades, el número de rutas posibles es el 4!/2.

En general, siguiendo este mismo razonamiento, tenemos que para cualquier número de ciudades el número de rutas posibles es el factorial del número anterior dividido entre dos. Por ejemplo, para 101 ciudades (que no es un número demasiado alto) el número de rutas posibles es 100!/2. Créeme, 100!/2 es un número una *jartá* de grande. Es mucho más grande que el número de partículas elementales en el universo observable, el cual se estima que es del orden de 10^{97}, un 1 con 97 ceros detrás, mientras que 100!/2 es del orden de 10^{157}, un 1 con 157 ceros detrás.

Por lo tanto, este primer intento de solución no es válido ni con la potencia de cálculo de los mejores ordenadores que tenemos actualmente.

En casos como este, en los que el conjunto de soluciones es tan descomunalmente grande que no resulta abordable por nuestras mejores máquinas, es cuando algoritmos como los genéticos consiguen buenas aproximaciones de la solución óptima.

Veámoslo con un esquema de seis ciudades: **A**, **B**, **C**, **D**, **E**, **F**.

Los elementos que componen nuestro algoritmo genético son los siguientes:

- **Cromosomas**: Tenemos que definir la estructura de las soluciones candidatas, los cromosomas. En nuestro ejemplo serán secuencias ordenadas de las ciudades en cada ruta. Por ejemplo, un cromosoma sería **A-F-B-D-C-E-A**. Cada una de estas letras (las cuales representan ciudades) será un gen.
- **Población inicial**: Elegimos de antemano cuántos cromosomas tendrá la población inicial. El tamaño de la población es un parámetro importante que influye en la diversidad y el rendimiento del algoritmo. En nuestro ejemplo, vamos a trabajar con poblaciones iniciales de seis cromosomas (porque son seis ciudades). Para obtener dicha población nos basta con elegir aleatoriamente, de entre las 5!/2=120/2=60 rutas posibles, 6 cualesquiera. Por ejemplo estas:

R_1: A-B-E-F-D-C-A	R_2: A-B-C-E-F-D-A	R_3: A-E-B-C-F-D-A
R_4: A-C-D-B-E-F-A	R_5: A-E-F-C-D-B-A	R_6: A-D-C-B-F-E-A

En la siguiente figura están esquematizados los seis cromosomas. Usando un lindo grafo, por supuesto.

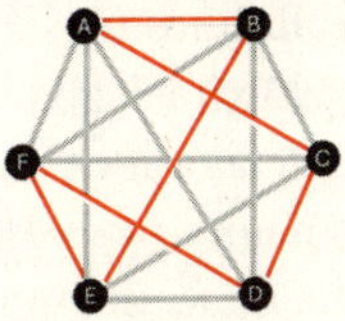

Ruta R_1

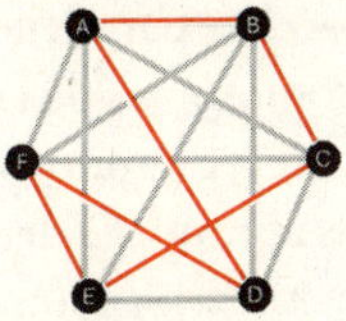

Ruta R_2

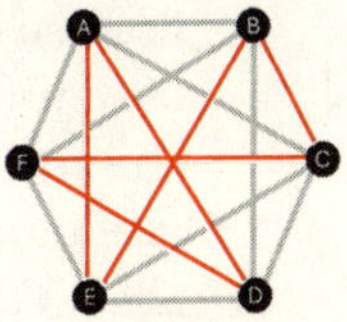

Ruta R_3

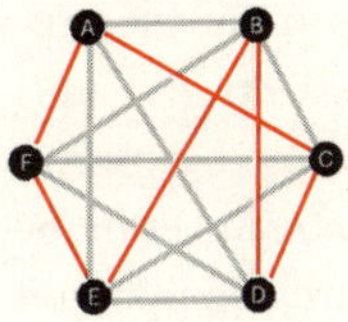

Ruta R_4

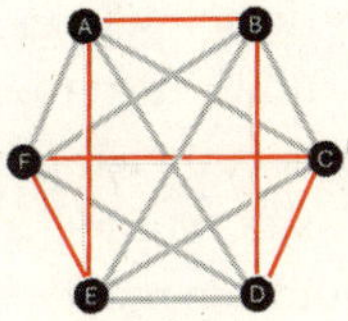

Ruta R_5

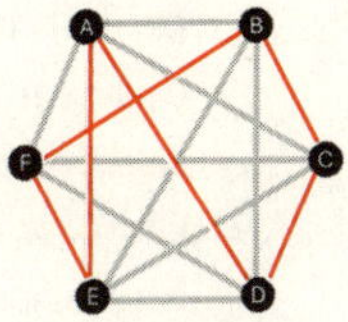

Ruta R_6

- **Función de evaluación**: Será el criterio que nos permita evaluar cómo de buenos son los cromosomas de cada población asignando a cada uno un número que será la medida de su aptitud. En nuestro ejemplo, este número es la longitud de cada una de las rutas. La función es la misma que hemos mencionado unas líneas antes, **L(X)**, la que mide la longitud total de una ruta. Por ejemplo, con la ruta $\mathbf{R_1}$:

$$L(R_1) = d(A,B) + d(B,E) + d(E,F) + d(F,D) + d(D,C) + d(C,A)$$

  Esta será nuestra función de evaluación para los cromosomas. Cuanto menor sea el valor de esta función, menor longitud tendrá la ruta para el viajante y, por lo tanto, con mejor aptitud contará.

Una vez que tenemos los cromosomas de la población inicial y sabemos cómo evaluar su bondad, vamos a ponerlos a evolucionar para ir generando nuevos cromosomas, hasta encontrar uno que nos dé una solución al problema que nos satisfaga. Lo hacemos en varias etapas:

- **Proceso de selección para cruces**: Realizamos un sorteo entre los cromosomas de la población inicial para cruzarlos por parejas, dando más papeletas a aquellos que tengan más aptitud. Es decir, asignamos probabilidades de elección a los cromosomas, de forma que aquellos individuos con mayor aptitud tendrán más probabilidades de ser seleccionados para ser cruzados con otros individuos. Como pasa en el mundo real, vaya. En nuestro ejemplo, de seis cromosomas, vamos a elegir para cruzarse a tres parejas. Podemos repetir cromosoma en más de una pareja si, por ejemplo, uno de ellos es muy muy apto. O sea, que algún cromosoma se podría quedar compuesto y sin cruce.
- **Cruces**: Tenemos que definir cómo de una pareja de individuos o cromosomas se genera un descendiente, que será un nuevo cromosoma a tener en cuenta. Esto se puede hacer de muchas maneras; yo ahora voy a proponer una simple. Elegimos aleatoriamente un número entre 2 y 4. Ese será el número de genes (ciudades) de uno de los cromosomas progenitores que se quedarán fijos en el descendiente, y el resto, hasta completar un cromosoma completo, serán del otro cromosoma progenitor. Por ejemplo, imagina que nos sale, al elegir aleatoriamente, el número 3 y que una de las parejas que han sido seleccionadas para cruzarse son **R_2: A-B-C-E-F-D-A** y **R_4: A-C-D-B-E-F-A**. Lo que proponemos como resultado del cruce de estos dos cromosomas son dos *hijos* como sigue.

  El hijo 1 tendrá los tres primeros genes de R_2 y completará hasta tener los siete (la **A** aparece dos veces) siguiendo el orden de R4. Nos quedaría así el cromosoma **R_7: A-B-C-D-E-F-A**, donde están los tres primeros genes de R_2, **A-B-C**, y seguimos completando sin repetir en el orden en el que aparecen en R_4. En R_4 después de la **C** tenemos **D-B-E-F-A**, pero como **B** ya lo hemos usado (al copiarlo de R_2), lo ignoramos.

Repetimos el cruce empezando ahora con los tres primeros genes de R_4 y completando con el orden de R_2. Obtenemos el cromosoma **R_8: A-C-D-B-E-F-A**. Sí, es igual que su progenitor R_4. No pasa nada, no nos preocupa.

Con este procedimiento tendríamos dos hijos de cada una de las tres parejas elegidas por sorteo, es decir, seis nuevos individuos para volver a empezar y repetir el proceso si queremos mejorar la aptitud.

Sin embargo, nos falta un detalle muy importante. Ahora interviene un elemento esencial, sin el cual el método no funcionaría, pues sin él la naturaleza no habría obtenido los individuos que mejor se adaptan a su hábitat: la mutación. Necesitamos diversidad. Mutaciones ocurren pocas y la mayoría son regresivas, es decir, dan peores individuos, pero muy de vez en cuando producen individuos mejor adaptados. Vamos, por lo tanto, a introducir esta nueva etapa.

- **Mutación**: Tenemos que diseñar un proceso de mutación. Te propongo el siguiente: una vez obtenidos los hijos, los seis nuevos cromosomas, realizamos un nuevo sorteo pero tal que la probabilidad de ser mutado sea muy pequeña (digamos de 1 entre 1.000). Así, de cada 1.000 individuos mutamos aproximadamente a 1. Supongamos que hemos hecho el sorteo y que a uno de los hijos que hemos obtenido en el proceso anterior, **R_7: A-B-C-D-E-F-A**, le toca ser mutante. En ese caso, hacemos otro sorteo y sacamos dos números entre el 2 y el 6 (el 1 y el 7 son **A**), por ejemplo, 3 y 5. En R_7 intercambiamos, por ende, los genes que aparecen en tercer y quinto lugar: **R_7: A-B-E-D-C-F-A**.

Tras el proceso de selección, cruce y mutación, tenemos seis nuevos cromosomas, dos descendientes por cada una de las tres parejas. Se trata ahora de medir la aptitud de la nueva población: si nos satisface, paramos; si no, repetimos el proceso.

Esto es, en lenguaje coloquial, el funcionamiento de un algoritmo genético. Hay otros tipos de algoritmos genéticos, con distintas variantes, pero mi intención es que percibas la idea de cómo resuelven problemas y, ojalá, crearte la necesidad de saber más y buscar material más técnico.

A mí en su día me pareció increíble que este tipo de algoritmos, en el que se toman tantas decisiones aleatorias, con tantos sorteos, lleguen a una buena solución del problema, pero el caso es que consiguen en muy pocos pasos soluciones muy buenas. De hecho, está matemáticamente demostrado que con este método vamos a aproximarnos a la solución óptima tanto como queramos; eso sí, cuantas más generaciones calculemos, mejor. Como pasaba con los polígonos de Arquímedes para aproximar el valor de π o la serie de Fourier para aproximar una señal, cuantos más polígonos o más sumandos calculemos, mejor aproximaremos π o la señal.

Eso sí, para conseguir aproximarse a la solución óptima es fundamental permitir la mutación y que haya diversidad. En otro caso, el algoritmo genético puede estancarse en un óptimo local (es el mejor de su barrio) que se quede muy lejos del óptimo total (es el mejor de la ciudad).

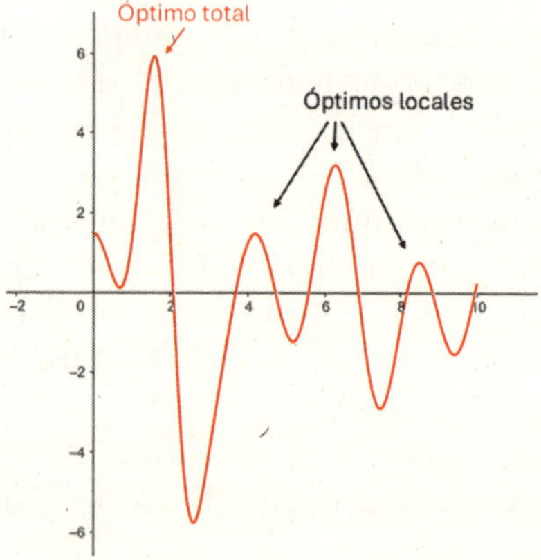

Sin mutaciones, la única fuente de variación sería el cruce, y si los progenitores se parecen mucho entre sí, sus hijos también lo harán. Eso provocaría una población muy homogénea, por lo que algunas buenas soluciones que no fueron seleccionadas como población inicial podrían no aparecer nunca.

Esto es también lo que pasa en la vida real, al fin y al cabo, ¿no? Al leer historia de las matemáticas, por ejemplo, y descubrir que en una línea temporal concreta aparecieron tantas mentes brillantes masculinas, es imposible no hacerse la pregunta: ¿cuántas mentes brillantes femeninas no se detectaron por haberlas confinado a criar y a limpiar? ¿Tendríamos más y mejores matemáticas si hubiésemos permitido a las mujeres estudiar en todas las épocas? ¿Y si hubiésemos permitido estudiar a los pobres? Nunca lo sabremos.

Mi consejo (que no me has pedido) es: mézclate y atrévete a hacer cosas diferentes. Y si alguna vez se te ocurre algo que a los demás les parece una auténtica locura, recuerda lo que decía Gaudí: «Mis ideas son de una lógica indiscutible; lo único que me hace dudar es que no hayan sido aplicadas anteriormente».

Estos algoritmos, los algoritmos genéticos, que son fundamentales hoy en día para la inteligencia artificial, el análisis de datos y la robótica, nacieron o empezaron a gestarse a mediados del siglo pasado. Fue Nils Aall Barricelli, un matemático ítalo-noruego, durante una estancia en el Instituto de Estudios Avanzados (IAS, por sus siglas en inglés) en Princeton en la década de 1950, quien realizó los primeros experimentos computacionales sobre la evolución de organismos numéricos. Para ello fue fundamental que pudiera usar la computadora MANIAC de John von Neumann, una de las mentes más poderosas de la historia de la ciencia. Aunque el trabajo de Barricelli no tuvo un impacto inmediato en la comunidad de la computación evolutiva, es ahora reconocido como un precursor de los algoritmos genéticos.

Pero, sin duda, es John H. Holland a quien la comunidad matemática reconoce como el padre de los algoritmos genéticos, por ser quien desarrolló formalmente el marco teórico y matemático de estos en su libro *Adaptation in Natural and Artificial Systems* [Adaptación en sistemas naturales y artificiales], de 1975. Ya en la década de los ochenta, David Goldberg, uno de los estudiantes de Holland, realizó importantes contribuciones a la comprensión teórica y demostró el poder de los algoritmos genéticos, popularizando enormemente esta área de conocimiento. A partir de entonces, los algoritmos genéticos comenzaron a ganar reconocimiento como una potente técnica de optimización y resolución de problemas.

Hoy en día son ya una herramienta totalmente establecida y ampliamente utilizada para resolver problemas complejos de optimización y búsqueda. De hecho, se pueden combinar con inteligencia artificial para crear sistemas híbridos mucho más potentes. Y, por supuesto, la investigación en algoritmos genéticos aún continúa, centrándose en mejorarlos en todos sus aspectos.

¿Qué te han parecido? Sorprendentes, ¿verdad?

La foto 51

Me resulta imposible hablar de genética, cromosomas y genes sin mencionar a una de mis científicas favoritas: Rosalind Franklin. Y como este es mi libro, voy a hablarte un poco de ella, aunque a estas alturas del siglo XXI y gracias al esfuerzo de muchas divulgadoras y divulgadores en reivindicar su figura, espero que ya la conozcas. Yo la conocí gracias a mi querida Teresa Valdés Solís, investigadora del Instituto de Ciencia y Tecnología del Carbono (INCAR), del Consejo Superior de Investigaciones Científicas (CSIC), y quedé fascinada con su historia. Unos años más tarde, pude meterme en la piel de Rosalind, interpretándola en la obra de teatro *Científicas: pasado, presente y futuro*, que protagonizamos cinco investigadoras de la Universidad de Sevilla. Si pones el título de la obra en tu buscador podrás ver un cortometraje con una versión resumida de la misma, así como descargarte, de forma gratuita y sin registro, tanto en español como en inglés, un cómic maravilloso sobre ella creado por Raquel Gu, la artista que ilustra este libro.

Hablemos de Rosalind Franklin y la foto 51.

Rosalind no fue matemática. Esta inglesa, nacida en 1920 en el seno de una familia acomodada, en Londres, se graduó en Química Física en la Universidad de Cambridge en 1941, aunque no le dieron el título porque Cambridge en esa época (ojo, era 1941, siglo XX) no daba títulos a mujeres. Todo muy loco: tuvo que esperar hasta 1948, lo cual es un poco raro porque su título de doctora es de 1945. El caso es que cuando Rosalind se graduó, en 1941, su país se hallaba inmerso en la Segunda Guerra Mundial, lo que determinó que en su tesis estudiara la microestructura del carbón y el grafito para analizar cómo su porosidad y disposición molecular influían en su capacidad para la combustión o la absorción de gases. Para ello, tuvo que aprender a dominar la técnica de difracción de rayos X. Al estudiar la dependencia de la porosidad con el contenido en carbono y la temperatura de carbonización, determinó que al aumentar la temperatura aumentaba la porosidad pero disminuía el tamaño de los poros. Su trabajo hizo posible la clasificación de carbones y la posibilidad de predecir su comportamiento de forma bastante precisa, así como ayudó a mejorar las máscaras antigás (el carbón se usaba en los filtros) durante la contienda.

Esta investigación le sirvió para obtener un puesto de trabajo en el Laboratoire Central des Services Chimiques de l'État, en París. Fue allí, trabajando bajo la dirección del científico Jacques Méring desde 1947 a 1950, donde perfeccionó y mejoró significativamente los métodos de difracción de rayos X aplicados a sólidos, en concreto al estudio del carbón.

Cuando volvió a su país, en 1951, era una experta en cristalografía y en difracción de rayos X. Se unió entonces al laboratorio de John Randall, en el King's College de Londres, para estudiar la estructura molecular del ADN. En mayo de 1952, haciendo uso de su destreza y experiencia con los rayos X, consiguió tomar, junto con su ayudante Raymond Gosling, la famosa foto 51. Era la imagen más clara hasta entonces de difracción de rayos X sobre una fibra de ADN.

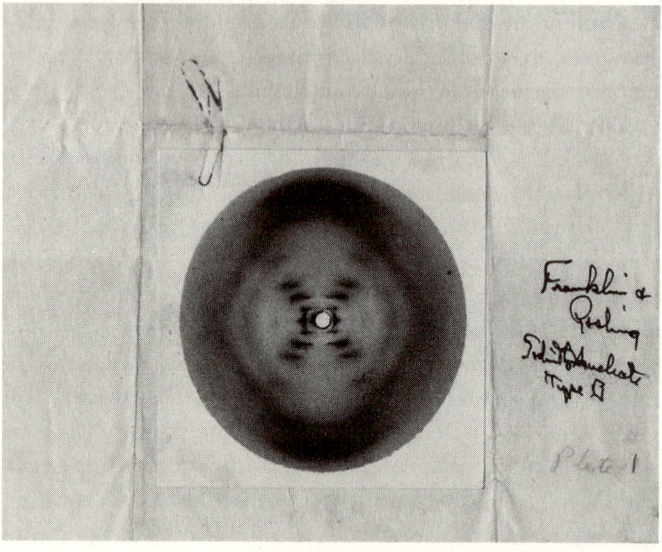

Esta foto, usada sin el consentimiento de Rosalind Franklin, porque nadie le pidió permiso para usarla, fue la clave para que James Watson y Francis Crick describieran la doble hélice que da forma a las moléculas de ADN.

James Watson, Francis Crick y Maurice Wilkins recibieron el Premio Nobel de Fisiología o Medicina en 1962 por descubrir la estructura molecular del ADN. Rosalind no estuvo allí. Murió a causa de un cáncer de ovario en 1958, a los treinta y siete años, probablemente porque pasó muchos años trabajando con rayos X sin las protecciones adecuadas. No podían darle el Nobel cuando se lo dieron a Watson, Crick y Wilkins porque estaba muerta y es una distinción que hay que recibir en vida. Sin embargo, ninguno de los tres la mencionó en el discurso. Nos quedaremos con la duda de saber si, de haber estado viva, habría estado entre los premiados.

La contribución de Rosalind hubiera quedado sepultada por la historia si James Watson no hubiese sido, además de un reconocido científico, un bocazas. Fue su libro *La doble hélice*, publicado en 1968, el detonante para la reivindicación del nombre de Franklin. En él reconocía la importancia de la científica en el descubrimiento de la estructura del ADN, pero a través de una descripción tan despectiva, machista y misógina de Rosalind que provocó un movimiento reivindicativo de su persona y de sus méritos científicos. No hay mal que por bien no venga. O eso dicen.

Y, por cierto, como ya conoces la maravillosa y nunca suficientemente aclamada transformada de Fourier, te contaré su relación con la foto 51 de Rosalind Franklin.

Mira la foto: es la imagen de difracción de rayos X de una fibra de ADN. Sin embargo, ¿cómo se deduce que esa X que se ve dibujada con puntos negros se corresponde con la doble hélice de la molécula de ADN?

Cuando los rayos X atraviesan una molécula, se difractan y crean un patrón de interferencia. Ese patrón de interferencia es la transformada de Fourier de la estructura molecular. Para reconstruir la forma 3D de la molécula a partir de la imagen, basta con aplicar la transformada inversa de Fourier. En definitiva, la foto 51 es una transformada de Fourier del ADN; su decodificación requería, por lo tanto, conocer bien el análisis de Fourier. Ya ves, Rosalind Franklin fue la persona que nos regaló la transformada de Fourier que sirvió para explicar nuestras vidas.

Sigue a la hormiga negra

Seguimos nuestro viaje por el país de los algoritmos cual Alicia curiosa que quiere saberlo todo. En nuestra siguiente aventura, en lugar de seguir a un conejo blanco y estresado, vamos a seguir los pasos de una hormiga negra. En realidad, de muchas hormigas: vamos a descubrir los algoritmos de colonias de hormigas y vamos a plagiar el comportamiento de estos bichitos para aproximarnos a la solución.

¿Te has fijado alguna vez en una fila de hormigas transportando alimento hasta su hormiguero? Lo hacen siguiendo el rastro de feromonas que van dejando las anteriores en su camino, el cual pueden oler. Esto es un ejemplo de estigmergia, un mecanismo fascinante por el cual la coordinación entre individuos surge de interacciones simples entre ellos y su entorno compartido. Las hormigas dejan rastros de feromonas en los caminos hacia el hormiguero. Otras hormigas siguen estos rastros, y los caminos más utilizados se refuerzan con más feromonas, guiando así a toda a la colonia de la forma más eficiente.

Otro ejemplo de estigmergia es la Wikipedia: los usuarios editan y modifican páginas, dejando rastros de su trabajo. Estas modificaciones sirven como estímulos para otros usuarios y conducen a la creación colaborativa de conocimiento.

Pero sigamos con las hormigas. Si ponemos un obstáculo en mitad de su camino se rompe dicho rastro de feromonas. En ese momento, las hormigas deciden de forma aleatoria qué camino alternativo han de seguir. Algunas eligen el camino más corto para evitar el obstáculo y otras no (las que solemos ver a veces desconcertadas). La cosa está en que la cantidad de feromonas que las hormigas segregan el tiempo que están fuera del hormiguero es, más o menos, fija. Por lo tanto, la concentración de feromonas segregadas por las que eligen el trayecto más corto es más alta en dichos caminos, puesto que han estado menos tiempo fuera del hormiguero. De esta forma, el rastro que las hormigas «listas» han dejado es más intenso, lo que animará a las siguientes a elegir también ese camino más corto, óptimo. Estas, las perseguidoras de las «listas», seguirán, por lo tanto, incrementando ese rastro de feromonas y, como resultado, al cabo de poco tiempo, todas estarán volviendo al hormiguero por el camino más corto.

¿Cómo podemos utilizar este concepto para resolver problemas? Vamos a verlo, otra vez, tratando de resolver el problema del viajante, en un ejemplo con pocos puntos. Partiremos de un grafo que modele el mapa de ciudades y sus carreteras con sus distancias. La idea es la siguiente:

- A cada arista de ese grafo le asignaremos inicialmente un nivel de feromonas. A todas el mismo nivel para empezar.
- Elegiremos un número de hormigas y pondremos a cada una de ellas en un vértice distinto del grafo. ¿Cuántas? Cuanto mayor sea el número de hormigas, más aumentará la capacidad del algoritmo de explorar más soluciones candidatas, claro. Pero, ojo, también aumentará el tiempo de computación y la memoria necesaria para ejecutar el algoritmo. Así que esto dependerá de tus criterios a la hora de resolver el problema.
- Cuando una hormiga se encuentra sobre un vértice al que llegan varias aristas, la probabilidad de que elija cada una de ellas será proporcional a la canti-

dad de feromonas que tenga dicha arista (cuantas más feromonas, más probabilidades de que la elija) e inversamente proporcional a la longitud de la arista (cuanto más corta sea la arista, más probabilidad tendrá de ser elegida).

- Las hormigas van recorriendo el grafo, sin repetir vértices, hasta terminar el recorrido en el vértice inicial, de donde salieron.
- Calculamos la longitud total de las rutas que ha hecho cada hormiga y actualizamos las feromonas de las aristas. Sumamos a cada arista una constante (que hemos fijado al principio) dividida por la longitud de la ruta en la que aparece. Con esto, las aristas que forman parte de las rutas más cortas se reforzarán con más feromonas y aumentará su probabilidad de ser elegidas en la siguiente iteración del algoritmo.
- Repetimos todo el proceso con la nueva asignación de feromonas, hasta que encontremos una solución que nos satisfaga o haya un estancamiento (es decir, no se mejore en cada iteración). O hasta que nos cansemos, que es otra opción.

Es bonita la idea, ¿verdad? Pues, además, funciona. No entiendo cómo se puede hablar mal de los algoritmos con lo bonitos que son. Casi todos.

Vamos a aplicar un algoritmo de colonia de hormigas a un ejemplo concreto del problema del viajante. En esta ocasión con cuatro ciudades. La siguiente tabla nos muestra la distancia entre las cuatro ciudades de nuestro TSP.

	A	B	C	D
A		2	9	10
B	2		6	4
C	9	6		8
D	10	4	8	

Definimos los parámetros para nuestro algoritmo:

- **Número de hormigas**: 2.
- **Heurística de una arista**: Cada arista tiene un valor de heurística asociado que mide su grado de atracción. En este problema del viajante, cuanto más corta sea la arista, más atractiva les resultará a las hormigas. Así que tomaremos el inverso de su longitud, que será mayor cuanto menor sea la longitud de la misma. Lo representamos como ηij y leemos heurística de la arista *ij*.

Por ejemplo: $\eta_{AB} = \frac{1}{2}$, puesto que la arista AB mide 2.

- **Importancia de la feromona**: Es un parámetro que, justamente, otorga más o menos peso a la decisión de la hormiga de dejar tal cantidad de feromona en una arista. Se suele llamar α y para simplificar nuestras cuentas, tomaremos $\alpha = 1$.
- **Importancia de la heurística**: Es como el anterior, pero para la heurística, es decir, la longitud de las aristas. Se suele llamar β. Tomamos $\beta = 2$; luego elevamos la heurística a β para calcular la probabilidad de cada arista. Si $\beta = 2$, las heurísticas más bajas (que corresponden a aristas más largas) decrecerán más, haciendo disminuir la probabilidad.
- **Tasa de evaporación**: Después de cada iteración las aristas evaporan feromonas. Este parámetro nos medirá eso. Se suele llamar ρ. Tomaremos $\rho = 1/2$, es decir, la cantidad de feromonas se reduce a la mitad después de cada iteración del algoritmo.
- **Q=100/longitud de la ruta**: Será la cantidad de feromonas que deposita cada hormiga en cada arista cuando hace su ruta. Hay versiones de algoritmos de colonia de hormigas que solo depositan hormonas

en la mejor ruta. En este ejemplo, depositaremos en todas. Evidentemente, las aristas de las mejores rutas saldrán más reforzadas.

- **Feromonas iniciales en cada arista**: Se suele representar con τ_{ij}. Vamos a empezar con $\tau_{ij} = 1$.

Con estos parámetros, la probabilidad de elegir una arista será:

$$P_{ij} = \frac{(\tau_{ij})^{\alpha} \cdot (\eta_{ij})^{\beta}}{\sum_{\textit{nodos no visitados}} (\tau_{ik})^{\alpha} \cdot (\eta_{ik})^{\beta}}$$

¡No te asustes! ¡No huyas! Es más fácil de lo que parece. Supongamos que la hormiga está en **A**, y puede ir a **B**, **C** o **D**.

ARISTA	τ_{Aj}	d_{Aj}	$\eta_{Aj} = \frac{1}{d_{Aj}}$	$\tau^{\alpha} \cdot \eta^{\beta}$
AB	$\tau_{AB} = 1$	$d_{AB} = 2$	$\eta_{AB} = \frac{1}{2} = 0{,}5$	$1 \cdot (0{,}5)^2 = 0{,}25$
AC	$\tau_{AC} = 1$	$d_{AC} = 9$	$\eta_{AC} = \frac{1}{9} \approx 0{,}11$	$1 \cdot (0{,}11)^2 \approx 0{,}0123$
AD	$\tau_{AD} = 1$	$d_{AD} = 10$	$\eta_{AD} = \frac{1}{10} = 0{,}1$	$1 \cdot (0{,}1)^2 = 0{,}01$

Ahora sumamos todos los valores de la última columna:

$$0{,}25 + 0{,}0123 + 0{,}01 = 0{,}2723$$

Y calculamos la probabilidad de cada arista dividiendo el valor de la última columna correspondiente a dicha arista por la suma anterior.

$P_{AB} = \frac{0{,}25}{0{,}2723} \approx 0{,}918$	$P_{AC} = \frac{0{,}0123}{0{,}2723} \approx 0{,}045$	$P_{AD} = \frac{0{,}01}{0{,}2723} \approx 0{,}037$

Dicho en porcentajes, la probabilidad de elegir la arista **AB** (la más corta con diferencia) es del 91,8 % (podemos redondear al 92 %); la probabilidad de elegir **AC** es de un 4,5 %, y la de elegir **AD** de un 3,7 % (podemos redondear a 3,5 % para que sumen 100; después de todo, son valores aproximados).

¿Cómo se usan estas probabilidades en la práctica? Por ejemplo, eligiendo un número aleatorio entre 0 y 1. Si sale menor que 0,918, elegimos **AB**; si sale entre 0,918 y 0,963, elegimos **AC**; y si sale mayor que 0,963, elegimos **AD**.

Ahora que sabemos calcular las probabilidades, empezamos. Ante todo, esquematicémoslo en un grafo, que con grafos todo es mejor en esta vida.

Tenemos que colocar dos hormigas: colocamos una en A (que ya tenemos hechas las cuentas de las probabilidades) y otra en C.

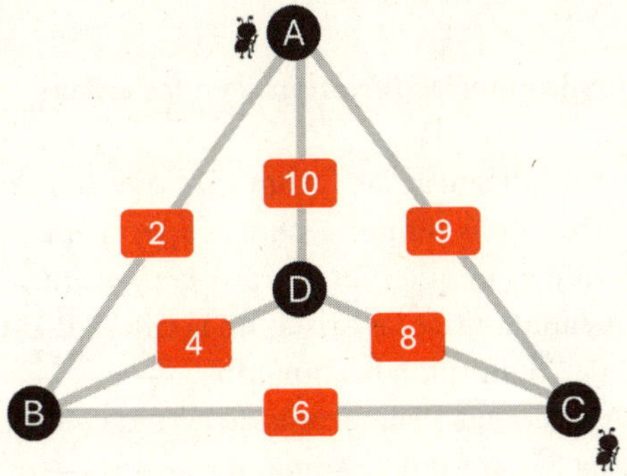

— **Calculamos la ruta para la hormiga que empieza en A**:

Sabemos que las probabilidades de las distintas aristas son:

$$P_{AB} = 92\ \%;\ P_{AC} = 4{,}5\ \%;\ P_{AD} = 3{,}5\ \%$$

Suponemos que sale B (la probabilidad es muy alta). Llegamos a B y podemos elegir entre C y D (A ya lo hemos visitado).

$$P_{AB} = \frac{0{,}028}{0{,}09} \approx 0{,}30; \; P_{BD} = \frac{0{,}0625}{0{,}09} \approx 0{,}70$$

Como la probabilidad de ir a D es del 70 %, suponemos que elige ese camino.

Desde D solo puede ir ya a C y de ahí, de vuelta a A.

Nuestra primera hormiga elige la ruta **A-B-D-C-A**, cuya longitud total es 23.

— **Calculamos la ruta para la hormiga que empieza en C**:

Razonando como antes, la ruta podría ser **C-B-A-D-C**, de longitud total 27.

— **Actualizamos las feromonas en las aristas**:

Multiplicamos las feromonas que tienen todas las aristas. Todas tenían 1 para empezar, pero $(1 - \rho) = 0{,}5$, que es lo que pierden por la evaporación.

A cada una de las aristas de la ruta **A-B-D-C-A**, como medía 23 en total, le sumamos $\frac{Q}{23} = \frac{100}{23} \approx 4{,}34$

A cada una de las aristas de la ruta **C-B-A-D-C**, como medía 27 en total, le sumamos $\frac{Q}{27} = \frac{100}{27} \approx 3{,}7$

Con esto estaremos premiando más a las aristas que forman parte de la ruta más corta. Así, al tener más feromonas, tendrán más posibilidades de ser elegidas al repetir el algoritmo.

Ahora volveríamos a colocar dos hormigas en dos vértices del grafo y a repetir todo el proceso.

Con suficientes iteraciones, el sistema converge hacia la mejor ruta: **A-B-D-C-A**.

Alucinante, ¿verdad?

Los algoritmos de optimización por colonias de hormigas se suelen llamar ACOs (del inglés, *ant colony optimization*). Este tipo de algoritmos bioinspirados fue formalizado en 1992 por Marco Dorigo, un científico italiano, en su tesis doctoral: *Optimization, Learning and Natural Algorithms* [Optimización, aprendizaje y algoritmos naturales]. Esta fue presentada en la Universidad Libre de Bruselas, donde sigue trabajando como investigador y profesor en el IRIDIA, el laboratorio de inteligencia artificial de dicha universidad. En su tesis doctoral, Dorigo propuso el Ant System (AS), el primer algoritmo de este tipo, aplicado al problema del viajante (TSP).

Desde 1992, se han desarrollado muchas variantes y mejoras del modelo original. Los ACOs tienen infinidad de aplicaciones: diseño de rutas y logística, planificación de tareas y horarios, redes de telecomunicaciones, bioinformática, robótica... Un montón de cosas.

Como te he dicho al principio, en la actualidad hay muchos tipos de algoritmos que plagian a la naturaleza en su búsqueda de soluciones a problemas complejos. Los algoritmos genéticos pertenecen, como hemos visto, al conjunto de algoritmos evolutivos, donde también podemos encontrar algoritmos de evolución diferencial o la programación evolutiva, entre otros. Los algoritmos de colonias de hormigas pertenecen, a su vez, al conjunto de algoritmos de enjambre, que están inspirados en inteligencia colectiva. La idea fundamental de estos algoritmos es que la inteligencia emerge del comportamiento colectivo de muchos agentes simples que cooperan indirectamente a través de sus interacciones. No hay un control centralizado ni un líder que dirija el comportamiento del enjambre. Como las hormigas que hemos visto, pero también los hay inspirados en abejas, en bandadas de pájaros y, atención, en la estrategia de los cucos parásitos.

Esta última me parece tan alucinante que te la voy a contar por encima. Se basa en copiar el comportamiento parásito de los cucos, que ponen sus huevos en los nidos de otras aves. Para ello, las hembras de cuco ponen un solo huevo en el nido de otra especie. Para que no se note, los huevos de cuco imitan en color y diseño a los de la especie parasitada. Así, la especie parasitada incuba el huevo del cuco. Cuando nace la cría de cuco, empuja los huevos de la especie parasitada fuera del nido, o si ya han eclosionado, lanza a los polluelos de la otra especie al vacío. Con esta estrategia el cuco se ahorra tiempo y energía en la construcción del nido y la alimentación de los polluelos. Qué cucos. Perdón, no he podido aguantarme.

¿Cómo imitan los algoritmos a los cucos? La idea es la siguiente: cada huevo en un nido representa una solución y un huevo de cuco representa una nueva solución. El objetivo es usar las soluciones nuevas y potencialmente mejores (cucos) para reemplazar una solución deficiente.

Y hay muchos más de enjambre: inspirados en el centelleo de las luciérnagas, en la ecolocalización de los murciélagos, en las gotas de agua... En definitiva, en la cooperación, que es como se resuelven los problemas más complejos. Tal y como en la vida real.

Si el ser humano ha llegado a conquistar el planeta no ha sido por ser la especie más fuerte ni la más rápida, sino por la cooperación, la empatía y el altruismo.

Si hemos triunfado en la evolución ha sido por ser enjambre. No deberíamos olvidarlo jamás.

8

Con la muerte en los talones

Verás, aunque en el capítulo 4 dije que el algoritmo FFT (la transformada rápida de Fourier) era el más importante de nuestra vida (primero dije que era uno de los más importantes, pero después me vine arriba y dije que era el que más), ahora ya no estoy tan segura. Es cierto que la FFT se encuentra en casi todo lo que hacemos, hasta en la foto 51 que nos vio por dentro, y que es más apañada que un jarrito de lata, pero también es verdad que en la era que nos ha tocado vivir es de vital importancia compartir secretos de forma segura. No me refiero a si al hijo de la vecina se le ha visto en compañía de una chica que es hija de un conde o si mi prima se ha hecho un tatuaje en algún sitio que no se suele enseñar. Más bien me refiero a lo mucho que nos gusta comprar por internet y a lo cómodo que es a veces. (Aun así, es vital que no abandonemos nunca el comercio local. En la tienda de la esquina podemos comprar cosas muy interesantes, recibir asesoramiento sobre los productos y algunos consejos de utilización. Y, quién sabe, igual hasta te cuentan un chiste. O, al menos, te reciben y despiden con una sonrisa en los labios.) Aparte de las compras *online*, también consultamos nuestra cuenta del banco, hacemos transferencias o bízums y pagamos recibos. Y tanto la compra por internet como nuestras relaciones con la banca digital o, incluso, nuestras conversaciones por WhatsApp o Telegram (según que nuestras preferencias sean ponernos en manos de una empresa estadounidense o de una rusa), queremos que estén a salvo, que no existan interferencias por parte de un tercero. En caso contrario, alguien ajeno a nosotros se podría enterar de alguna intimidad o, en el peor de los casos, timarnos o robarnos.

Cualquier comunicación usando una red como internet puede ser interceptada, eso es así. Lo único que podemos hacer es intentar que, aunque eso ocurra, los *malos* no puedan conocer el significado de esa comunicación.

Hablemos de criptografía

La verdad es que la definición que nos da el diccionario de la RAE no es muy apropiada para este término. Según la Academia, la criptografía es el «arte de escribir con clave secreta o de un modo enigmático». Te ha quedado regular nada más, RAE, desde el cariño te lo digo. Creo que es mejor para nuestros fines recurrir a la Wikipedia, que la describe como «la disciplina que se dedica al estudio de la escritura secreta, es decir, estudia los mensajes que, procesados de cierta manera, se convierten en difíciles o imposibles de leer por entidades no autorizadas». Por cierto, aunque «criptografía» sea el término más usado, puede que «criptología» sea más preciso, puesto que el sufijo -logía hace referencia a la ciencia o técnica de algo, mientras que -grafía se limita a la escritura.

Aunque hoy en día usamos a diario la criptografía, la mayoría de las veces sin saberlo, siempre se ha tenido la necesidad de poder enviar mensajes de forma secreta y que si son interceptados por alguien que no es el destinatario, esta tercera persona no pueda saber el contenido de dicho mensaje. Desde la antigua Roma, por lo menos. Yo me voy a centrar en contarte un poco sobre el estado de la criptografía actual.

Es importante saber que cuando una persona envía un mensaje de WhatsApp a otra (o de casi cualquier otra aplicación de mensajería), su comunicación queda encriptada. De esta manera, nadie, ni siquiera los servidores centrales de la propia aplicación, puede acceder a los mensajes, imágenes, audios que se envían. Vamos a tratar de comprender *grosso modo* cómo se puede conseguir eso.

Para entender los sistemas actuales es fundamental saber algunas de las bases de los sistemas criptográficos tradicionales, entendiendo por tradicionales todos aquellos que se utilizaban antes de mediados de los años setenta del pasado siglo. Casi todos los métodos existentes antes de mi nacimiento (aunque creo que la vinculación con mi llegada al mundo es una pura casualidad, pero nunca se sabe) se basaban en intercambiar las letras de un mensaje por otras y/o intercambiar las posiciones de letras o grupos de letras. En cualquier caso, el emisor, Alicia de aquí en adelante, y el receptor, Bea, se tenían que poner de acuerdo en varias cosas: el método que se iba a utilizar, así como la clave o claves para aplicar dicho método.

El sistema más simple es el de sustitución: cada letra se sustituye por otra. Pero esos métodos se pueden romper fácilmente, como veremos más adelante. El método de sustitución se puede traducir en, por ejemplo, algo como esto escrito en dos filas:

A	B	C	D	E	F	G	H	I	J	K	L	M	N	O	P	Q	R	S	T	U	V	W	X	Y	Z
B	E	Z	A	F	I	X	K	Y	M	P	O	C	Q	R	D	U	G	W	V	J	N	H	S	L	T

Cada letra de la fila de arriba se transforma, para componer el mensaje cifrado, en la letra de abajo. Si se necesita descifrarlo hay que mirarlo al revés: cada letra de abajo se sustituye por la que está encima de ella.

Ahora la pregunta sería ¿cómo de seguro es este método? Siguiendo lo que se conoce como un ataque de «fuerza bruta», consistente en ir probando todas las posibilidades (habría que probar todas las posibles transformadas de la **A** con todas las posibles transformadas de la **B**, etcétera), ¿cuántos casos hay en total?

Empezando por la **A**, ¿en cuántas letras distintas puede transformarse? Esto es simple. Si eliminamos la propia **A**, nos quedan el resto de las letras, veinticinco en el alfabeto que se está considerando. La **B**, por su parte, podría transformarse en todas menos en la que se ha transformado la **A** y en la propia **B**, o sea, en un total de veinticuatro posibilidades. Por el mismo razonamiento, la **C** tendría veintitrés posibles elecciones y así sucesivamente. En resumidas cuentas, se tendría que probar $25 \times 24 \times 23 \times 22 \times 21 \times ... = 25!$, es decir, el total se corresponde con un factorial de 25 posibles codificaciones. Eso es una barbaridad, incluso para los ordenadores más modernos (y esto seguirá siendo válido cuando se lean estas líneas).

Entonces, ¿es efectivo este método? ¿Es indescifrable?

A ver, que pasen la estadística y la lingüística.

Para realizar un criptoanálisis (tratar de descifrar un mensaje cifrado), un primer paso es el análisis de frecuencias: contar cuántas veces aparece cada letra en el mensaje que se quiere descifrar, ya que en ningún idioma aparecen todas las letras con la misma frecuencia. Por ejemplo, en castellano las vocales son muy frecuentes. Naturalmente también dependerá del tipo de texto analizado, pero diversos trabajos muestran una importante regularidad. Por ejemplo, según un estudio realizado por Enrique Fontanillo sobre textos del diario *El País* (la muestra tomada son los ejemplares de dicho diario publicados durante una semana, dando 52.619 letras en total), la frecuencia de las letras en castellano es aproximadamente la que sigue:

E: 16,78 %	S: 7,88 %	U: 4,80 %	P: 2,76 %	B: 0,92 %
A: 11,96 %	N: 7,01 %	I: 4,15 %	M: 2,12 %	H: 0,89 %
O: 8,69 %	D: 6,87 %	T: 3,31 %	Y: 1,54 %	G: 0,73 %
L: 8,37 %	R: 4,94 %	C: 2,92 %	Q: 1,53 %	F: 0,52 %

El resto de las letras, **V**, **J**, **Ñ**, **Z**, **X**, **K**, **W**, tienen frecuencias inferiores incluso al 0,5 % y se pueden considerar por tanto como muy «raras». Resumiendo los datos anteriores y aplicándolos por grupos de letras se pueden extraer varias conclusiones:

- Las vocales ocupan alrededor del 47 % del texto.
- La **E** y la **A** se identifican con relativa fiabilidad porque destacan mucho sobre las demás.
- Las consonantes más frecuentes son **L**, **S**, **N**, **D** (alrededor del 30 %).
- Las seis letras menos frecuentes son **V**, **Ñ**, **J**, **Z**, **X** y **K** (poco más del 1 % entre todas).

Con esto, si tenemos un texto en castellano cifrado para el que sabemos que se ha utilizado un método de sustitución de letras, en vez de buscar todas las permutaciones posibles, que es una tarea inabordable, una buena estrategia sería contar cuántas veces aparece cada símbolo e identificar los dos símbolos más frecuentes con la **E** y la **A**: el más frecuente lo sustituimos por la **E** y el segundo más frecuente por la **A**. Si no tiene sentido, lo intentamos al revés: el más frecuente lo sustituimos por la **A** y el segundo más frecuente por la **E**. Es muy probable que los siguientes que aparecen más a menudo se correspondan con el grupo **O**, **L**, **S**, **N** y **D**. Estas cuentas se pueden hacer incluso a mano y son conocidas desde hace siglos. Incluso hay un cuento de Edgar Allan Poe, «El escarabajo de oro», en el que se explica este criptoanálisis.

Un método más avanzado consiste en sustituir cada letra por otra pero teniendo en cuenta, además, su posición. Esto es: la letra **A** no siempre se sustituye por una misma letra, sino que esto depende de dónde aparece. Para ello, lo más simple es utilizar una palabra clave, la cual sirve para saber cuántas letras hemos de avanzar a la hora de sustituir cada letra del mensaje ¿Confuso? Creo que con un ejemplo se va a entender bien.

En primer lugar, como hemos dicho, es necesario una clave, por ejemplo: «CLAVE». Sí, no nos hemos matado eligiendo. Vamos a cifrar el siguiente mensaje: «ESTE ES UN MENSAJE SECRETO».

Comenzando en cero, asignamos a cada letra de nuestro alfabeto un número siguiendo el orden del mismo, como en esta tabla:

A-0	B-1	C-2	D-3	E-4	F-5	G-6	H-7	I-8
J-9	K-10	L-11	M-12	N-13	Ñ-14	O-15	P-16	Q-17
R-18	S-19	T-20	U-21	V-22	W-23	X-24	Y-25	Z-26

Ahora procederemos como sigue.

Para codificar la primera letra del mensaje, la **E**, usamos la primera letra de nuestra clave, la **C**. Sumamos sus posiciones según la tabla anterior, **E(4) + C(2) = 6(G)**. Cambiamos la primera **E** por una **G**.

La segunda letra de nuestro mensaje, **S**, la codificamos usando la segunda letra de nuestra clave, **L: S(19) + L(11) = 30**.

No tenemos ninguna letra con el número 30, así que ¿qué hacemos en este caso? Le restamos 26 (el número de la última letra) y nos queda 4, que corresponde a la **D**. Sería como pasar después de la **Z(26)** otra vez al principio: **A(27)**, **B(28)**,**C(29)** y **D(30)**. Así que cambiamos la **S** por una **D**.

Codificamos la tercera letra de nuestro mensaje, **T(20)**, y la tercera letra de nuestra clave, **A(0)**: **T(20) + A(0) = 20(T)**. Se quedaría igual.

Puesto que el mensaje, en este caso, es más largo que la clave, se tiene que repetir esta para igualar las longitudes. En resumidas cuentas, desde un punto de vista práctico, la codificación de Vigenère, que así se llama este método, se hacía escribiendo el texto y la clave (repitiéndola cuantas veces fuera necesario) como en la siguiente tabla:

E	S	T	E	E	S	U	N	M	E	N	S	A	J	E	S	E	C	R	E	T	O
C	L	A	V	E	C	L	A	V	E	C	L	A	V	E	C	L	A	V	E	C	L
G	D	T	Z	I	U	F	N	H	I	P	D	A	E	I	U	P	C	M	I	V	Z

Por lo tanto, el texto cifrado sería:

GDTZ IU FN HIPDAEI UPCMIVZ

Aunque creo que se ha entendido bien, podemos volver a explicar este método usando una herramienta matemática que nos será necesaria más adelante: la aritmética modular. Algo que todos hemos utilizado, aunque casi siempre sin saber que lo hacíamos.

La aritmética modular (que le debemos, cómo no, a nuestro príncipe de las matemáticas, Gauss) también se conoce como la aritmética del reloj. Ya verás por qué. Bueno, si sabes cómo funciona un reloj de agujas, claro, que cada vez es menos habitual.

En la aritmética modular o del reloj, no disponemos de los infinitos números enteros no negativos {0,1,2,3...}, sino de unos cuantos de los primeros. Por ejemplo, disponemos de los doce primeros: {0,1,2,3,4,5,6,7,8,9,10,11}. Esta herramienta consiste en sumar esos números de tal forma que el resultado siempre sea uno de ellos. Si la operación es, por ejemplo, 2+3, el resultado es simple, 5, igual que en la aritmética normal. Pero si lo que hacemos es 7+8, que es igual a 15 en las sumas de toda la vida, tenemos un problema, porque 15 no está en nuestro conjunto. Pero y si te pregunto ¿qué hora son las 15 horas? Inmediatamente me dirás las 3. Eso es: en nuestra aritmética modular, 7+8=3. Lo que se ha hecho es restar 12 (las doce horas del reloj) a 15 y ya está. Aunque otra forma de verlo es que 3 es el resto de dividir 15 entre 12. Así funciona la aritmética modular, como si trabajaras con un reloj de agujas. En nuestro ejemplo, el reloj tiene doce horas, pero puede tener el número de horas que necesitemos según el problema que estemos resolviendo. Calcular las horas en un reloj de agujas es como trabajar con módulo 12. De hecho, se dice de la siguiente manera: 15 es congruente con 3 módulo 12 y se escribe: $15 \equiv 3$ (mód. 12).

Pobre Fran Perea, que fue tan criticado por aquello de que 1 más 1 eran 7... Nadie se paró a pensar que nuestro Fran cantaba en módulo 5 y en que $7 \equiv 2$ (mód. 5).

A todo esto de la aritmética modular le sacaban mucho partido mis hijos, Salvador y Ventura, jugando al «Pito, pito, gorgorito». ¿Cómo? Pues simplemente contaban el número de «golpes» de la cancioncita, quince si es esta versión:

Pito // pito // gorgo // rito //
¿dónde // vas // tú tan // bonito?//
A la // era // de mi// abuela //
Pim // pam // fuera.

Ya está. Luego dividían quince entre el número de niños implicados en el juego y se quedaban con el resto de esa división para saber cuál era la posición ganadora. Estoy segura de que los miraban raro en el patio del colegio cuando decían que usaban aritmética modular para elegir al ganador pero, oye, y la de veces que ganaban, ¿qué?

Volvamos al método de cifrado Vigenère para describirlo ahora usando aritmética modular.

1. Numeramos las letras de nuestro mensaje: **X1**, **X2**, **X3**..., **Xi**.
2. Repetimos la clave hasta que tenga **i** letras, como nuestro mensaje, y numeramos sus letras: **C1**, **C2**, **C3**..., **Ci**.
3. Para cada letra **Xi** o **Ci**, escribiremos **#(Xi)** o **#(Ci)** para referirnos a los números correspondientes a dichas letras en la numeración de 0 a 26. Por ejemplo, **#(G)=6**.
4. Sustituimos cada letra del mensaje original **Xi** por la letra correspondiente en la tabla al valor **#(Xi) + #(Ci)** (módulo 26).

Voy a volver a poner aquí la tabla con los números asociados a cada letra para que no tengas que estar hojeando hacia atrás y hacia delante.

A-0	B-1	C-2	D-3	E-4	F-5	G-6	H-7	I-8
J-9	K-10	L-11	M-12	N-13	Ñ-14	O-15	P-16	Q-17
R-18	S-19	T-20	U-21	V-22	W-23	X-24	Y-25	Z-26

Por ejemplo, si codificamos «ALGORITMO» con la clave «AMOR», tendríamos algo así:

X_1 = **A**(0)	X_2 = **L**(11)	X_3 = **G**(6)	X_4 = **O**(15)	X_5 = **R**(18)	X_6 = **I**(8)	X_7 = **T**(20)	X_8 = **M**(12)	X_9 = **O**(15)
C_1 = **A**(0)	C_2 = **M**(12)	C_3 = **O**(15)	C_4 = **R**(18)	C_5 = **A**(0)	C_6 = **M**(12)	C_7 = **O**(15)	C_8 = **R**(18)	C_9 = **A**(0)
0 + 0	11 + 12	15 + 6	15 + 18=7	18 + 0	8 + 12	20 + 15=9	12 + 18=4	15 + 0
A(0)	**W**(23)	**U**(21)	**H**(7)	**R**(18)	**T**(20)	**J**(9)	**E**(4)	**O**(15)

Nos han salido tres sumas mayores que 26 y hemos tomado su valor módulo 26 restándoles 26 y quedándonos con el resultado:

15 + 18 = 33 ≡ **7 (mód. 26)**	**20 + 15** = 35 ≡ **9 (mód. 26)**	**12 + 18** = 30 ≡ **4 (mód. 26)**

Así suena «ALGORITMO» escrito con «AMOR»: AWUHRTJEO. Ojalá fuera sueca para poder pronunciarlo.

Naturalmente, si se conoce la clave, el mensaje se descifra usando la fórmula:

$$\#(X_i) - \#(C_i) \text{ (módulo 26)}$$

X_1=**A**(0)	X_2=**W**(23)	X_3=**U**(21)	X_4=**H**(7)	X_5=**R**(18)	X_6=**T**(20)	X_7=**J**(9)	X_8=**E**(4)	X_9=**O**(15)
C_1=**A**(0)	C_2=**M**(12)	C_3=**O**(15)	C_4=**R**(18)	C_5=**A**(0)	C_6=**M**(12)	C_7=**O**(15)	C_8=**R**(18)	C_9=**A**(0)
0-0	23-12	21-15	7-18=15	18-0	20-12	9-15=20	4-18=12	15-0
A(0)	**L**(11)	**G**(6)	**O**(15)	**R**(18)	**I**(8)	**T**(20)	**M**(12)	**O**(15)

Nos han salido tres sumas negativas y hemos tomado su valor módulo 26, les hemos sumado 26 y nos hemos quedado con el resultado:

7-18=-11+26 ≡ **15 (mód. 26)**	**9-15**=-6+26 ≡ **20 (mód. 26)**	**4-18**=-14+26 ≡ **12 (mód. 26)**

¿Cómo de efectivo es este método? Si la clave es suficientemente larga y tiene la misma longitud que el mensaje (la misma longitud de verdad, sin repetirla como hemos hecho en el ejemplo), este método es totalmente indescifrable. Salvo que se disponga de la clave, claro. Y en ese «salvo» radica la debilidad del sistema. ¿Cómo enviamos la clave a nuestro interlocutor sin que nadie más la vea? Para ello es necesario lo que se conoce como un canal seguro, por el que se puede mandar la clave sin que, con total certeza, sea interceptada. Pero si disponemos de un canal seguro, pero seguro de verdad, que permite mandar una clave muy larga sin ser interceptada, ¿por qué no utilizamos ese mismo canal para enviar el mensaje, que tiene además la misma longitud que la clave? La respuesta es simple: no existen canales seguros.

En general, en los cifrados de sustitución polialfabéticos (como el de Vigenère), donde los alfabetos de sustitución se eligen mediante el uso de una palabra clave, el criptoanálisis descansa fundamentalmente en encontrar la longitud de la clave. Una vez que esta se descubre, el criptoanalista alinea el texto cifrado en ***n*** columnas, donde ***n*** es la longitud de la palabra clave. Luego, cada columna puede tratarse como el texto cifrado de un cifrado de sustitución monoalfabético. Como tal, cada columna puede ser atacada con análisis de frecuencia, tal y como se ha descrito anteriormente.

Este era uno de los fundamentos de las famosas máquinas Enigma utilizadas por los alemanes en la Segunda Guerra Mundial, que fueron descifradas por el equipo de Bletchley Park, encabezado por Alan Turing y en el que se encontraba, entre otros, la matemática Joan Clarke, una de las más brillantes del equipo. Para descifrar a Enigma, fue esencial capturar algunas de dichas máquinas y poder reproducir su movimiento interno. Con este propósito, el 7 de mayo de 1941 la Real Armada capturó deliberadamente un barco meteorológico alemán, junto con equipos y códigos de cifrado. Dos días después, fue capturado el submarino U-110. En él se encontraron una máquina Enigma, un libro de códigos, un manual de operaciones y otras informaciones que permitieron que el tráfico submarino de mensajes codificados se mantuviera roto hasta finales de junio de ese año y que proporcionó la información suficiente para todo el criptoanálisis que se llevó a cabo durante la guerra. Los esquemas fijos de los alemanes, que eran muy rígidos en las normas de elaboración de mensajes, con patrones que se repetían, permitieron adivinar, mediante análisis estadísticos y un importante uso de computación, las claves diarias. Hubo días que se interpretaron correctamente el 100 % de los mensajes emitidos.

La clave que podía generar Enigma era de más de 200.000 millones de letras. Sin conocer la estructura interna era casi imposible descifrarla. Pero, a pesar de esa clave tan enorme, Enigma quedó al descubierto.

En cualquier caso, un método como este haría inviable las operaciones en internet que llevamos a cabo diariamente: necesitaríamos claves de miles de millones de letras de longitud, una para cada transacción o para cada conversación de nuestra aplicación de mensajería favorita. Y, sobre todo ¿cómo nos transmitiríamos dichas claves?

Criptografía asimétrica

En lo que hemos hablado hasta ahora de criptografía, tanto para enviar un mensaje como para descifrarlo, se necesita una clave. Esa clave debe ser la misma para el emisor, Alicia, y para el receptor, Bea. Pero ya sabemos que, para que sea segura la comunicación entre ellas, es necesario que esa clave común sea muy larga y que una se la envíe a la otra por un canal seguro. Canal que no existe, ya que si existiera enviaríamos el mensaje a través de él. A principios de los años setenta del pasado siglo surgió una idea rompedora, sin la cual el mundo actual sería muy distinto. ¿Y si se tienen dos claves en vez de una? Una de dichas claves se utilizaría para cifrar el mensaje y la otra para descifrarlo. Esta es la idea fundamental de la criptografía asimétrica.

Supongamos que Alicia quiere mandarle un mensaje a Bea. Esta última tiene dos claves, una de ellas la llamaremos *Pub* y servirá para cifrar mensajes, y la otra, por razones que pronto vamos a descubrir, será llamada *Priv* y usada para descifrar los mensajes. Sin ningún temor, Bea proclama a los cuatro vientos su clave *Pub* (*Pub* viene de «pública», naturalmente), pero se guarda a buen recaudo la clave *Priv* (supongo que a nadie le sorprenderá que *Priv* sea por «privada»): no se la comenta a nadie, ni siquiera a Alicia. Esta, Alicia, escribe su mensaje, lo cifra usando la clave *Pub* de Bea y se lo envía a su amiga, la cual solo tiene que aplicar su clave *Priv*, que solo ella conoce, para descifrar lo que le ha dicho Alicia. En principio, suena bien, pero ¿es posible hacerlo?

La respuesta es sí, claro. De hecho, se han desarrollado varios métodos que lo llevan a cabo y que usamos a diario (sin saberlo).

Muchas veces se explica esto de la criptografía asimétrica mediante cajitas en las que se depositan los mensajes. Y a mí me gusta esta representación, así que vamos a ello.

La criptografía clásica se puede pensar de la siguiente forma: dos personas se quieren comunicar de forma secreta, para lo que fabrican una caja (el método criptográfico) y dos llaves para la cerradura (la clave), una para cada uno. Evidentemente, se tienen que poner de acuerdo en el diseño de la llave, y como no coinciden en un mismo lugar (si estuvieran juntos se podrían susurrar el mensaje al oído y no harían falta las dichosas cajitas), tienen que usar un canal seguro para transmitirse las instrucciones de cómo tiene que ser esa llave. Esto presenta importantes inconvenientes, ya que, por una parte, esos canales seguros nunca existen en la realidad y, por otra (la más importante hoy en día), si son dos o pocas las personas que se quieren comunicar entre sí (los líderes de un país con sus embajadores, por ejemplo), es fácil ponerse de acuerdo entre ellos (aunque siempre subsiste el problema de guardar el secreto de la clave), pero si tenemos un grupo numeroso de personas y cada dos de ellos quieren establecer un método seguro para comunicarse mutuamente de forma inaccesible para todos los demás (tal y como ocurre en la actualidad gracias al desarrollo de internet, las comunicaciones móviles, etc.) el problema del reparto de claves se vuelve imposible de resolver: en una comunidad con un millón de personas (los usuarios de WhatsApp a principios de 2020 eran más de 2.000 millones) cada pareja se tendría que poner de acuerdo para establecer una clave única inaccesible para el resto de la comunidad, lo que significa que esa comunidad tiene que ponerse de acuerdo para crear medio billón (con «b»: un cinco seguido de once ceros) de claves con esas condiciones.

La idea que propusieron los matemáticos Diffie y Hellman para una criptografía de clave pública era que no fuera necesario que cada pareja tuviera que diseñar su caja (su método criptográfico) y su llave, sino que cada individuo en la sociedad dispusiera de una caja (todos pueden disponer del mismo modelo) y esa tuviera dos compartimentos con sus correspondientes llaves: uno de entrada de mensajes y otro de recogida. Para el compartimento de entrada se puede decir públicamente cómo es la llave que lo abre (cualquiera puede dejar un mensaje abriéndolo), pero una vez depositado, pasa a través de un mecanismo de la caja a un compartimento que solo se puede abrir si se dispone de una llave única, que no hay que compartir con nadie. Así, si Alicia quiere transmitirle un mensaje a Bea, lo que hace es construir una llave con las instrucciones que ha publicado Bea y depositar su mensaje en la caja; entonces, ese mensaje pasa al compartimento privado, el cual solo Bea puede abrir con su llave fabricada con unas instrucciones que nadie más conoce.

Dicho sistema soluciona los dos problemas principales de la criptografía clásica: el de establecer un canal seguro de transmisión de claves entre cada dos participantes y el de crear claves entre cada par de comunicantes. En la criptografía de clave pública cada individuo genera dos claves: una pública (para que le envíen mensajes) y la otra privada (que no comparte con nadie, ni siquiera con sus potenciales interlocutores), que sirve para leer los mensajes recibidos. Un punto crucial es que la clave que se utiliza para encriptar no es la misma que se necesita para desencriptar; por ello este método también es conocido como «criptografía de clave asimétrica».

Diffie y Hellman (con la ayuda de otro colega, Merkle) dieron con el primer método factible para llevar a cabo este tipo de criptografía en 1976. El quid de la cuestión era encontrar una operación que fuese simple de hacer y casi imposible de deshacer, lo que se llama en matemáticas una función unidireccional. Después veremos algún ejemplo de estas.

Sin embargo, el método de Diffie-Hellman-Merkle no es, ni mucho menos, el más utilizado. Te voy a contar uno de los que más se han utilizado y se siguen usando.

Un día de mediados de ese mismo año, 1976, Leonard Adleman, un matemático que acababa de terminar su tesis, entró en el despacho de Ron Rivest, su compañero en el MIT, quien le propuso intentar encontrar una función unidireccional que cumpliera el esquema de Diffie-Hellman-Merkle. Es la costumbre de Ron estar al tanto de todos los avances que se producen en su campo (y en algunos otros que nadie, salvo él, ve que se hallan relacionados con la computación) y siempre trata de ver qué puede aportar para el desarrollo de esas ideas. Se pusieron manos a la obra y, en alguna de las conversaciones de café, Adi Shamir, otro colega del Departamento de Ciencias de la Computación en el MIT, se les unió en la búsqueda de la función unidireccional.

Tanto Rivest como Shamir eran dos *máquinas* capaces de producir nuevas y originales ideas. La misión de Adleman (de mayor formación matemática) en el equipo era tratar de verificar dichas ideas y encontrar los puntos flacos o que llevaban a callejones sin salida.

En abril de 1977, pasaron la Pascua hebrea (los tres son judíos) en la casa de un estudiante y consumieron cantidades significativas de alcohol. Tras volver a sus respectivos hogares, Rivest, incapaz de dormir, se quedó en el sofá del salón leyendo un libro de matemáticas. De repente tuvo una revelación. Se pasó el resto de la noche formalizando la idea, logrando escribir un artículo científico completo antes del amanecer. Rivest terminó el trabajo enumerando los autores alfabéticamente: Adleman, Rivest, Shamir, tal y como es costumbre en matemáticas (al contrario de otras disciplinas).

A la mañana siguiente, le entregó el artículo a Adleman, quien pasó por su proceso habitual de tratar de encontrar un fallo, como tantas otras veces había hecho. Sin embargo, esta vez no pudo encontrarlo. Es más, su única crítica fue con la lista de autores:

> Le dije a Ron que quitara mi nombre del artículo, que era su invención, no la mía. Pero Ron se negó y tuvimos una discusión al respecto. Acordamos que iría a casa, lo consultaría con la almohada y decidiría qué hacer. Regresé al día siguiente y le sugerí que yo fuera el tercer autor. Recuerdo haber pensado que ese trabajo iba a ser el menos interesante en el que estaría jamás.

Adleman no podía haber estado más equivocado. El sistema, denominado RSA (Rivest, Shamir, Adleman) en lugar de ARS, se convirtió en el cifrado más influyente en la criptografía moderna (y la empresa que se fundó basada en la patente ha generado beneficios de cientos de millones de dólares).

El algoritmo RSA

Voy a tratar de explicarte la esencia del algoritmo RSA con un ejemplo sencillo y concreto.

Tenemos a nuestros personajes, Alicia y Bea. Alicia quiere enviarle un mensaje a Bea de forma segura. Para ello necesitamos que Bea fabrique las dos llaves de su caja: la clave pública, que será la que use Alicia para dejar el mensaje, y la clave privada, que será la que use Bea para poder leerlo.

¿Cómo deben proceder? Primero, Bea debe elegir dos números primos muy muy grandes (cuanto más grandes, mejor). Los llamamos p y q. Por ejemplo:

$$p = 327414555693498015751146303749141488063642403240171463406883$$

y

$$q = 693342667110830181197325401899700641361965863127336680673013$$

¿Son suficientemente grandes para ser seguros? Pues no, deberían ser aún más grandes. Si te aburres puedes intentar comprobar a mano que efectivamente son dos números primos. (Es broma, ¿eh?)

La clave de la seguridad en el algoritmo RSA reside en que ***p*** y ***q*** sean suficientemente grandes. Una medida razonable es que sean números primos con 3.072 bits en su expresión en binario, es decir, que sean dos números primos con unas 925 cifras. Como se dice en mi pueblo, dos primos una *jartá* de grandes.

Para explicar el RSA con unos cálculos simples, en nuestro ejemplo, Bea elige ***p***=3 y ***q***=11.

La clave pública de Bea, la que verá todo el mundo, estará formada por dos números (**n,e**), que se calculan como sigue:

- El término **n** es el producto de los dos primos elegidos por Bea, **n** = **p** × **q** = 3 × 11, por lo que tenemos que **n = 33**.
- Conocido **n**, calculamos este número **Φ(n) = (p-1) × (q-1)**. En nuestro ejemplo, **Φ(33)** = (3-1) × (11-1) = 2 × 10 = **20**. Elegimos como **e**, para la clave pública, un número primo menor que 20, por ejemplo, **e = 7**; no es necesario que *e* sea primo, solo que no tenga divisores en común con **Φ**(*n*). (Nota: a **Φ**(*n*) se le llama la función de Euler de *n*.)
- La clave pública de Bea es **n = 33** y **e = 7**. La publica como **(33,7)**.

  Eso sí, Bea no le dice a nadie, pero a nadie, jamás, quiénes son ***p*** y ***q***, sino cuánto vale el producto de los dos. Esta clave, (**n,e**), la publicará para todos aquellos que le quieran enviar un mensaje.

Toca ahora calcular la clave privada de Bea: (**n,d**).

- El valor **n** es el mismo de antes, el producto de los primos ***p*** y ***q***, es decir, 33.
- El valor **d** es el número que al multiplicar por *e* nos da 1, módulo **Φ(33)**, es decir, módulo **20** (ya sabes, aritmética modular). Este número siempre existe

por las propiedades de **e**. En internet puedes encontrar calculadoras de aritmética modular en línea. Si buscas «calculadora inverso multiplicativo modular» y le pides que te calcule el inverso de 7 (**e**) módulo 20 (**Φ(33)**) te dará como resultado 3. Así que **d = 3**.

En este caso es muy fácil comprobar que, efectivamente, **d × e = 1 (mód. 20)**, ya que 3×7=21, y al restarle 20, nos queda 1.

La clave privada de Bea es, por ende, **n = 33** y **d = 3**, **(33,3)**, y no la publica jamás.

Ya tenemos entonces las claves de Bea: la clave pública **(33,7)** estará a disposición de cualquiera, mientras que la clave privada será **(33,3)**. Nadie debe saber cuánto vale **d** y, para ello, nadie debe saber cuánto valen ***p*** y ***q***. Aquí radica la seguridad de este sistema.

Cuando Bea publica su clave (**n**,**e**), Alicia ya puede mandarle un mensaje de forma segura.

Vamos a ayudar a Alicia a encriptar su mensaje **M** con el algoritmo RSA.

- Si el mensaje **M** es «HOLA», sustituimos cada letra por números como, por ejemplo, indica la siguiente tabla (00 es el espacio blanco):

00	01	02	03	04	05	06	07	08	09	10	11	12	13
	A	B	C	D	E	F	G	H	I	J	K	L	M
14	15	16	17	18	19	20	21	22	23	24	25	26	27
N	Ñ	O	P	Q	R	S	T	U	V	W	X	Y	Z

  Nos quedaría, por lo tanto, el mensaje: **M = 08161201**.

- A continuación, este mensaje se agrupa en conjuntos de pocas cifras, que tengan un valor menor que **n=33**.

En nuestro ejemplo lo hacemos de dos en dos (que es de letra en letra, pero no tiene por qué ser así; en general, **n** será un número larguísimo y podremos agrupar **M** en conjuntos con muchas más cifras). En este ejemplo, no obstante, sería:

M = 08-16-12-01

- Elevamos cada uno de estos grupos de dos números a **e=7**, pero módulo **n=33** (los números **e** y **n** proporcionados por Bea en su clave pública). Como antes, puedes encontrar calculadoras de aritmética modular en línea. Si buscas «calculadora exponenciación modular» y le pides que te calcule estos números elevados a 7 (**e**) módulo 33 (**n**) te dará estos resultados:

$\mathbf{08}^{7}$ (mód. 33) = **02**	$\mathbf{16}^{7}$ (mód. 33) = **25**
$\mathbf{12}^{7}$ (mód. 33) = **12**	$\mathbf{01}^{7}$ (mód. 33) = **01**

Alicia le envía a Bea el mensaje cifrado **C = 02251201**.

Es el turno ahora de ayudar a Bea a descifrar el mensaje de su querida Alicia. Para ello hace lo mismo que su amiga pero usando su clave secreta, **d=3**.

- Agrupa el mensaje cifrado, **C**, en conjuntos de dos cifras:

C = 02-25-12-01

- Eleva cada uno de estos grupos de dos números a **d=3**, módulo **n=33** (los números **d** y **n** son la clave privada de Bea). Si usamos la calculadora de aritmética modular en línea obtenemos:

$\mathbf{02}^{3}$ (mód. 33) = **08**	$\mathbf{25}^{3}$ (mód. 33) = **16**
$\mathbf{12}^{3}$ (mód. 33) = **12**	$\mathbf{01}^{3}$ (mód. 33) = **01**

- Le queda el mensaje **M = 08161201** que, al traducirlo con la tabla, se lee «HOLA».

¿Qué pasaría si un *hacker* interceptara el mensaje que le ha enviado Alicia a Bea? ¿Qué información tendría? El mensaje, **C**, y la clave pública de Bea, (**n,e**). Nuestro *hacker* sabe cómo funciona RSA, por lo que también sabe que la clave privada de Bea se calcula como el inverso de **e**, módulo **Φ(n)=(p-1)×(q-1)**. También conoce que **n=p×q**. Por ende, si consigue averiguar quiénes son **p** y **q**, estamos perdidas, porque con estas ya calcularía **Φ(n)** y averiguaría el valor de la clave privada de Bea, **d**, calculando el inverso de **e**, 7, módulo **Φ(n)**, 20. En nuestro ejemplo esto es trivial, claro, porque **n=33** y no hay que ser Lisbeth Salander para saber que 33 se factoriza como 3×11 y que, entonces, **Φ(33)**=(3-1)×(11-1)=**20**. Solo le faltaría calcular **d**, la clave privada de Bea, como el inverso de 7 (**e**) módulo 20 y descifrar el mensaje **C**.

Por eso la fortaleza de este método reside en el hecho de que factorizar un número como producto de sus factores primos es muy difícil, como ya te dije en el capítulo 2, cuando vimos el algoritmo de Euclides para calcular el máximo común divisor de dos números. Si los dos números, **p** y **q**, que se utilizan para generar la **n** de la clave pública son muy grandes, es imposible con los ordenadores actuales factorizar **n** como el producto de **p** por **q**. Y si no conoces **p** y **q**, jamás podrás calcular **d** y descifrar el mensaje.

Aunque en la actualidad el algoritmo RSA sigue siendo ampliamente usado, ese éxito ha hecho que cada vez reciba más ataques, sobre todo basados en algoritmos poderosos que permiten factorizar en paralelo (con el uso de muchos ordenadores trabajando de forma compartida) números para los que hasta hace poco parecía imposible encontrar sus factores primos. Por ello, desde 2005 muchas instituciones y aplicaciones han ido migrando desde RSA hasta criptografía de curvas elípticas.

La criptografía de curva elíptica (ECC, del inglés *elliptic curve cryptography*) es una de las cosas más chulas que te van a contar en mucho tiempo. Aunque te aviso de que no lo vamos a hacer con todo lujo de detalles porque algunos de ellos son muy técnicos. Pero la idea general es preciosa. Te va a encantar.

La ECC, como el RSA, es un algoritmo que se basa en encontrar una función unidireccional. Es decir, una operación muy fácil de hacer pero muy difícil de deshacer. En el algoritmo RSA esa función consiste en multiplicar dos primos enormes entre sí, para que, conocido el producto de ambos, sea prácticamente imposible (o extremadamente complicado) adivinar los dos factores implicados.

Por su parte, la función unidireccional que vamos a usar para la criptografía de curva elíptica se basa, ¡sorpresa!, en una curva elíptica. Tendremos que saber, entonces, qué es una curva elíptica: se trata de una curva algebraica proyectiva no singular de género uno. No me mires así, que yo también me asusté la primera vez que lo leí. De forma más simple, se llaman curvas elípticas a aquellas que tienen una ecuación del tipo $y^2=x^3+ax+b$ (siempre que $4a^3+27b^2 \neq 0$).

Por ejemplo, para $a=0$ y $b=7$, tendríamos la curva elíptica $y^2 = x^3 + 7$, que es la que está representada en la siguiente figura:

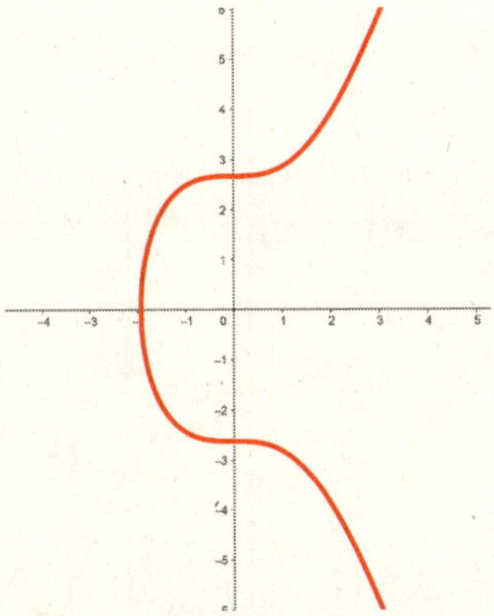

Esta curva elíptica fue la elegida por Satoshi Nakamoto para las claves públicas y firmas en Bitcoin (BTC) y desde entonces es la curva usada en la mayoría de las criptomonedas. Se llama «secp256k1». El nombre, aunque no lo parezca, es bastante descriptivo sobre el tipo de curva que es. Pero muy feo, la verdad. Yo la hubiera llamado Mata Hari. O Trini, como mi madre.

Una de las propiedades maravillosas que tienen las curvas elípticas es que podemos definir operaciones entre sus puntos. Podemos sumar dos puntos de la curva y obtener como resultado otro punto de la misma, podemos calcular el punto opuesto a uno dado de la curva e incluso podemos multiplicar un punto de la curva por un número entero y obtener otro punto de esta.

Vamos a ver cómo se hacen estas operaciones porque es muy geométrico y muy bonito.

Empecemos definiendo el opuesto de un punto **P** de la curva. Dado un punto **P** sobre la curva, se llama opuesto de **P** y se escribe **-P** al punto que se obtiene al cortar la curva con la recta vertical que pasa por **P**. Como en la siguiente figura.

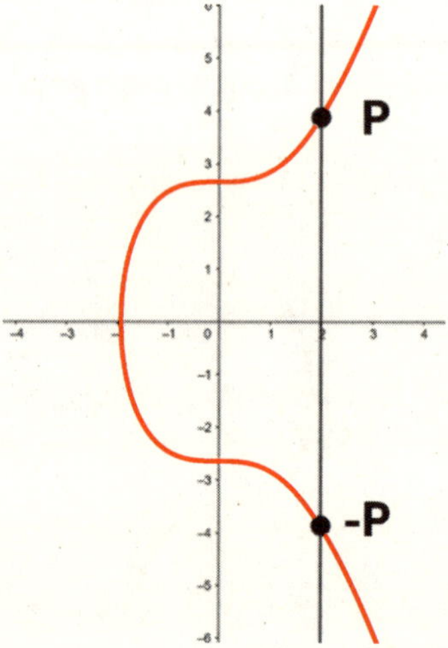

Observa que la línea recta que pasa por **P** y **-P** corta a la curva elíptica exactamente en esos dos puntos y que **P+(-P)=0**, por ser opuestos. Vamos a extender esta idea para definir cómo se suman dos puntos sobre una curva elíptica. Es decir, vamos a asumir que si sumamos los puntos de corte de una recta con la curva elíptica, la suma total será 0 y con esta idea vamos a definir la suma de dos puntos distintos, **P** y **Q**, de la curva.

Para calcular **P+Q** el primer paso es trazar la recta que los une, la cual cortará la curva en otro punto, **R**.

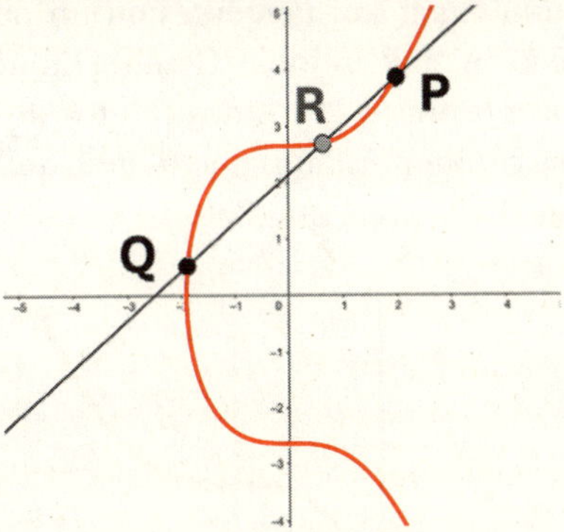

Usando la idea de que si sumamos los puntos de corte de una recta con la curva elíptica la suma total será 0, tenemos que **P+Q+R=0**. Ahora toca despejar, tras lo que obtenemos que **P+Q=-R**, y **-R** es el opuesto de **R**, que ya sabemos cómo calcularlo.

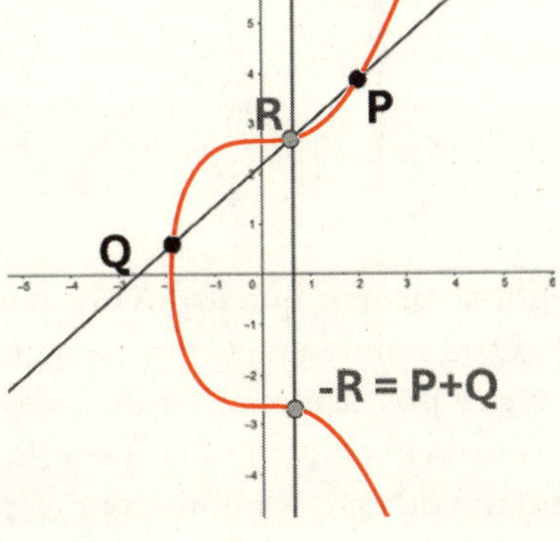

Por sorprendente que parezca, esta suma tan especial tiene las mismas propiedades elementales que la suma entre números tal y como se conoce desde los tiempos de primaria: asociativa, conmutativa, elemento simétrico y elemento neutro.

Puede ocurrir que al trazar la recta vertical desde un punto **P** de la curva, esta recta solo corte a la curva en un punto. Si esto ocurre es porque esa recta es tangente a la curva en **P** (la recta toca a la curva en **P** pero no la atraviesa) y cuando una recta y una curva son tangentes en un punto, se dice que la intersección en **P** es doble. Como si hubiera un punto **P** sobre el mismo punto **P**: los dos puntos de corte son el mismo. En ese caso tendríamos que **P+P=0**, que es lo mismo que decir que **2P=0**, o sea, que **P=0**.

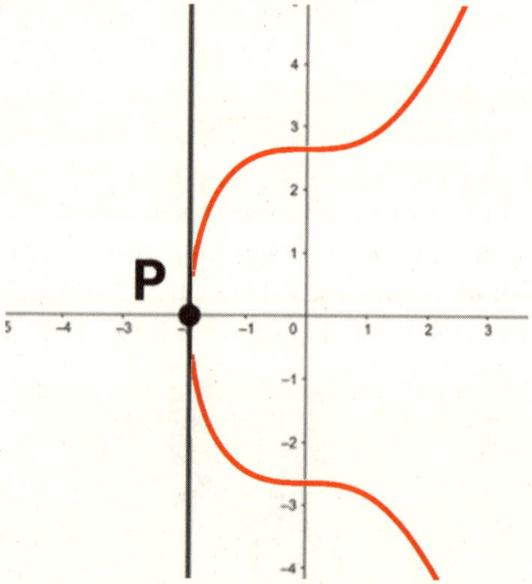

Y también puede ocurrir que dados dos puntos distintos de la curva, **P** y **Q**, al trazar la recta que pasa por ambos, esta solo corte la curva precisamente en esos dos puntos. Eso solo ocurre si la recta es tangente a la curva (la toca pero no la atraviesa) en uno de los dos puntos, por ejemplo, en **P**.

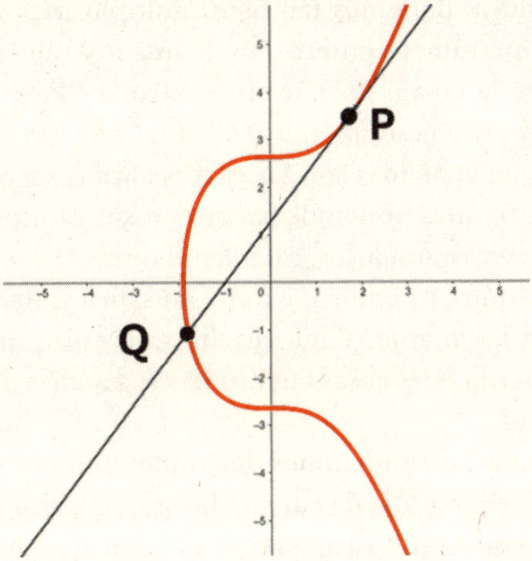

Como hemos dicho antes, si la curva y la recta son tangentes en **P** (se tocan pero no se atraviesan), tenemos que contar **P** como si fuesen dos puntos distintos. Tendríamos entonces que la suma de los tres puntos debe ser 0, es decir, **P+P+Q=0**, o sea, **2P+Q=0**, y despejando obtenemos **2P=-Q**, que es el opuesto de **Q** y sabemos calcularlo.

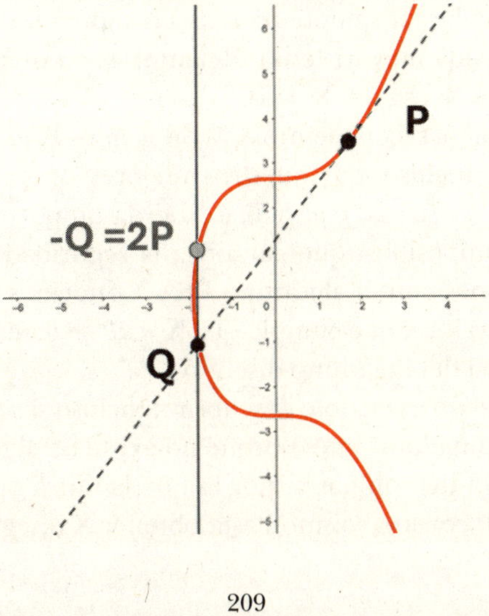

Anda, mira, podemos también multiplicar puntos de la curva por un número entero, con lo que nos sale otro punto también de la curva. Porque si sé calcular **2P**, le sumo **P** y tengo **3P**, y así sucesivamente

Ya ves qué apañadas son las curvas elípticas y qué operaciones tan bonitas podemos hacer con sus puntos, como si fueran números: sumarlos, calcular el opuesto y multiplicarlos por un número entero, y todo sin salirnos de la misma. Me parece fascinante. Y me resulta muy triste que mucha gente se pierda estas cosas tan bonitas (y muchas más) de las matemáticas.

Ya estamos en condiciones de contar cómo funciona, en esencia, la criptografía de curvas elípticas, consistente, como ya hemos visto, en buscar una operación que sea fácil de hacer pero endiabladamente difícil (o casi imposible) de deshacer.

Elegimos un punto de nuestra curva, **P**, y un número entero muy grande **x**, con 256 bits. Es decir, en la expresión en binario de **x** aparecen 256 signos que son 0 y 1. Con 256 bits, **x** puede tener hasta 78 cifras.

Acabamos de ver que podemos multiplicar un punto **P** sobre una curva elíptica por cualquier número entero. Podemos calcular fácilmente (con una computadora o a mano y con una vida muy triste por delante) el producto **xP**, que llamaremos **X**; esto es, **X** = **xP**.

Ahora bien, si conocemos **X** y conocemos **P**, lo que es casi imposible, incluso con nuestros mejores ordenadores, es calcular **x**. Te suena, ¿verdad? Recuerda un poco a la factorización «imposible» que garantiza la seguridad de las comunicaciones con el algoritmo RSA. Conocidos **X** y **P**, encontrar el valor **x** que cumple que **X** = **xP** se llama «resolver el problema del logaritmo discreto».

¿Por qué no es factible descubrir **x** incluso si se tiene una supercomputadora? Pues porque no existe un algoritmo conocido para determinar **x**, por lo que la única opción es ir sumando **P** consigo mismo hasta obtener **X** o seguir restando **P** de **X** hasta obtener **P**. En promedio, **x** estará en algún lugar entre 0 y 2^{256}-1, aproximadamente 2^{128}. Por lo tanto, encontrar el valor de **x** tomará en promedio ese número de operaciones (2^{128}), un número enorme que hace inviable este método de fuerza bruta. Por ahora no se conoce nada mejor.

Por lo tanto, tenemos un esquema muy similar al que presenta el RSA: se tiene una operación que es relativamente fácil de realizar (en RSA era multiplicar dos primos grandes y en curvas elípticas, multiplicar un punto por un entero aleatorio), pero tremendamente difícil o costoso de invertir (la inversa se encontraría en RSA factorizando un número y en curvas elípticas, encontrando el logaritmo discreto).

Estamos ya preparados para utilizar esta función en el diseño de un sistema criptográfico de clave pública.

Para nuestro sistema ECC vamos a necesitar una curva elíptica, que llamamos **E**, de elíptica, y un punto de esta, que llamamos **G** porque será el punto generador de las claves. Volvemos a tener por aquí a Alicia, quien le quiere mandar un mensajito a Bea.

Para que Alicia pueda enviarle un mensaje a su amiga, necesita la clave pública de esta, para poder abrir la caja donde depositar su mensaje. Bea tendrá una clave privada, $\mathbf{k_B}$ (un entero aleatorio de 256 bits), que no le dirá nunca a nadie, y publicará una clave pública, $\mathbf{P_B}$, que calculará como:

$$P_B = k_B \cdot G$$

Alicia quiere mandarle un mensaje, **M**, a su amiga Bea sin que nadie lo intercepte. Lo primero que hará es traducir su mensaje **M** a una secuencia binaria de bits y usar alguno de los métodos existentes (hay varios) para asignarle a esa secuencia un punto sobre la curva **E**. A ese punto lo llamaremos **M'**.

Ahora tiene que decirle a Bea que su mensaje es el punto **M'** sin que nadie más se entere.

Para ello Alicia calcula dos puntos de la curva usando una clave secreta, $\mathbf{k_A}$, que también será un número entero aleatorio de 256 bits y que puede ser distinta, si ella quiere, para cada mensaje que mande. Los puntos que Alicia calcula son los siguientes. Con su clave privada, $\mathbf{k_A}$, elegida por ella, calcula:

$$P_1 = k_A \cdot G$$
$$S = k_A \cdot P_B$$

Con **S** codifica su mensaje, **M'**, haciendo **C = M' + S**. Le envía a Bea un mensaje con un par de puntos: $\mathbf{(P_1,C)}$.

Cuando Bea recibe el mensaje, lo primero que hace es multiplicar su clave privada, $\mathbf{k_B}$, por $\mathbf{P_1}$ para así descubrir qué punto es **S**, el que usó Alicia para codificar el mensaje:

$$k_B \cdot P_1 = k_B \cdot (k_A \cdot G) = k_A \cdot (k_B \cdot G) = k_A \cdot P_B = S$$

Efectivamente, $k_B \cdot P_1 = S$, por lo que para descifrar el mensaje solo tiene que calcular:

$$C - S = M'$$

Una vez que tiene el punto **M'** deshace la transformación que hizo Alicia, y que todo el mundo conoce, y encuentra el mensaje **M** que Alicia quería enviarle.

Todo esto se iría al traste si se pudiera calcular fácilmente el logaritmo discreto, porque si alguien interceptara el mensaje $\mathbf{(P_1,C)}$, ese alguien sabría cuál es el punto **G** y que $P_1 = k_A \cdot G$. Por lo tanto, si consiguiese calcular el valor de la clave privada (calculando el logaritmo discreto), $\mathbf{k_A}$, ya tendría **S** (puesto que $\mathbf{P_B}$ es pública), y con **S** y **C** ya puede descifrarse el mensaje.

Qué bonito todo, ¿no?

En realidad, me he permitido colar una pequeña mentirijilla y es que, tal y como lo hemos descrito, podemos tener un problema: ¿qué ocurre si se escoge una curva elíptica **E**, un punto **G** de coordenadas enteras y un entero **x**, pero el resultado de multiplicar **x** por **P** no tiene coordenadas enteras? Para solucionar este problema se recurre, de nuevo, a la aritmética modular que ya conocemos; no lo vamos a explicar en este libro porque es demasiado técnico.

No quiero cerrar el capítulo sin dedicar unas líneas de homenaje a alguien que fue fundamental tanto en el tema que nos ha ocupado ahora, la criptografía, como en el del capítulo siguiente, la inteligencia artificial. Efectivamente, me refiero a Alan Turing.

Prof. Alan Turing

Afirmar que Alan Turing fue una de las figuras más importantes del siglo XX, a estas alturas del XXI, no sorprenderá a nadie. Como dicen por ahí, el tiempo pone a cada uno en su lugar. Bueno, no es cierto en general, ojalá, pero en el caso de Turing sí que ha habido algo de reparación histórica. Muy tarde, pero la ha habido. Y digo tarde porque este genio británico, maniático y brillante acabó con su vida en 1954 para terminar con el sufrimiento que le fue infligido por el gravísimo pecado de ser homosexual. Se ve que para algunos, muchos, entre los que se contaba su hermano, era más importante lo que hacía en su intimidad que lo que hizo por la ciencia y la humanidad. Me invade la rabia y la impotencia mientras escribo estas líneas, y no solo por Turing, sino por tantas personas que como él han sufrido y sufren el rechazo por su orientación sexual. Imagínate ser rechazado por el color de tus ojos o la forma de tus dientes, rechazado por toda la sociedad en la que vives.

Hubo que esperar hasta 2009 para que el primer ministro británico, entonces Gordon Brown, pidiera disculpas oficiales a su figura en nombre del gobierno. Y hasta 2013, ojo, 2013, para que la reina Isabel II le otorgara un perdón póstumo. Un perdón póstumo... por ser homosexual.

Gracias al cine, mucha gente que no había oído hablar de él conoció al Prof, como lo llamaban sus colegas en Bletchley Park, aunque nunca fue profesor, y su brillante y valioso trabajo descifrando, con su equipo, la máquina Enigma, aquella que usaban los alemanes para cifrar mensajes durante la Segunda Guerra Mundial. En Bletchley Park, el centro británico de descifrado de códigos, Turing lideró el equipo que descifró el código alemán y diseñó la Bomba, un dispositivo electromecánico crucial para la tarea: una máquina que utilizaba principios lógicos para reducir el número de posibles configuraciones de Enigma, acelerando enormemente el proceso de descifrado. También contribuyó al descifrado del código Tunny, más sofisticado que los de Enigma, y al desarrollo de las máquinas Colossus, que aceleraron significativamente el proceso de descodificación. Su trabajo en el descifrado de códigos fue fundamental para la victoria aliada en la Segunda Guerra Mundial.

Pero antes de su trabajo durante la guerra (que, posiblemente, sea el más conocido, gracias al cine), publicó en 1936 un artículo en el que introdujo el concepto de la «máquina de Turing», el modelo teórico de computación que proporcionó una definición precisa de algoritmo o proceso mecánico. En 1938, en Princeton y bajo la supervisión de

Alonzo Church, uno de los padres de la computación teórica, defendió su tesis doctoral.

Tras la guerra, se enfocó en el desarrollo de computadoras e inteligencia artificial. En 1948 preparó el informe «Intelligent Machinery» donde investigaba la posibilidad de que las máquinas exhibieran comportamiento inteligente. Introdujo la idea de redes neuronales y se unió a la Universidad de Mánchester para trabajar en la Ferranti Mark I, la primera computadora digital electrónica de propósito general fabricada en el mundo. En 1950 publicó «Computing Machinery and Intelligence», considerado el artículo fundacional de la inteligencia artificial. Propuso el que llamó «juego de imitación» (ahora conocido como el test de Turing) como una forma de evaluar la capacidad de una máquina para exhibir un comportamiento inteligente indistinguible del de un humano.

Desde joven, Turing fue consciente de que su orientación sexual era considerada una aflicción terrible y misteriosa en la sociedad británica, especialmente para alguien de su clase. La sociedad demandaba silencio sobre el tema, lo que para Turing era un engaño que detestaba. Vivía en una especie de su propio juego de imitación, haciéndose pasar por una persona que no era.

En 1952, Turing fue arrestado por «delitos sexuales con un joven», cargo del que se declaró culpable. Después de su arresto, a Turing se le ofreció la opción de someterse a un tratamiento con hormonas femeninas (castración química) como alternativa a la prisión. Él aceptó. Esta condena lo vetó automáticamente de poder viajar a Estados Unidos. También es posible que afectara a su trabajo en criptografía porque perdió su habilitación de seguridad para trabajar en proyectos secretos.

Alan Turing se suicidó el 7 de junio de 1954, días antes de cumplir cuarenta y dos años. ¿Qué más nos habría regalado el Prof si no le hubiésemos hecho la vida imposible?

Siendo como soy matemática, conocía a Alan Turing mucho antes de que se estrenara, en 2014, *Descifrando Enigma* (*The Imitation Game* en su título original), pero tengo que confesar que a Joan Clarke, como a Katherine Johnson, la descubrí en el cine. Me resulta increíble que, siendo precisamente matemática, no hubiera sabido nada de ellas antes. Bueno, ojalá fuese increíble: la verdad es que tampoco sé de qué me sorprendo.

Joan Clarke fue una de las mejores criptoanalistas que trabajó codo a codo con Alan Turing en Bletchley Park y, posiblemente, también su mejor amiga.

Nacida el 24 de junio de 1917 en West Norwood, Inglaterra, fue una estudiante muy brillante en Cambridge. Pero, a pesar de terminar con honores los cursos necesarios para la licenciatura de Matemáticas, nunca tuvo el título porque, como ya te conté cuando hablamos de Rosalind Franklin, la Universidad de Cambridge no concedió licenciaturas a mujeres hasta 1948.

En 1939 Gordon Welchman, un profesor suyo en Cambridge, la fichó para trabajar en el Government Code and Cypher School (GCCS) y en junio de 1940 Clarke llegó a Bletchley Park. Al principio fue asignada al denominado grupo de «las chicas» como oficinista, pero pronto su talento matemático quedó al descubierto y fue trasladada a trabajos de desencriptado, que en aquella época estaban prácticamente reservados a los hombres.

De nuevo, su rapidez mental, su capacidad de abstracción, su perseverancia y su imaginación llamó la atención de todos y fue fichada para el Hut 8, el grupo liderado por Alan Turing. Se convirtió en la única mujer practicante del *banburismo*, un proceso criptoanalítico estadístico desarrollado por Alan Turing para reducir el número de configuraciones posibles de la máquina Enigma y, por tanto, acelerar su descifrado sin necesidad de probar todas las combinaciones. El nombre, *banburismo*, proviene de la ciudad inglesa de Banbury, donde se imprimían unas tiras especiales usadas en el proceso. Estas tiras se alineaban para buscar coincidencias entre patrones de mensajes cifrados. En 1941, su equipo en Hut 8 logró romper el código Enigma. Hugh Alexander, jefe de Hut 8 en aquella época, la describió como «una de las mejores *banburistas* de la sección».

A pesar de su imponente capacidad para el trabajo en general y para las matemáticas en particular, Joan fue discriminada durante años por ser mujer. Aunque esto ya te lo esperabas, ¿no? Resulta de poca sorpresa.

Joan y Alan se hicieron amigos muy cercanos poco después de conocerse. Compartían muchos pasatiempos y tenían personalidades muy similares. A principios de 1941, Turing le propuso matrimonio a Clarke y ella aceptó, pero mantuvieron su compromiso en secreto frente a sus colegas. Más tarde Turing le confesó en privado su homosexualidad, y a Joan aparentemente ni le sorprendió ni le preocupó. Finalmente fue Turing quien decidió no seguir adelante con el matrimonio y rompió el compromiso. A pesar de la ruptura, continuaron siendo amigos muy cercanos hasta la muerte de él. Clarke siempre describió su amistad como especial y su amor fraternal por Turing la acompañó durante toda su vida.

Tras la Segunda Guerra Mundial continuó trabajando para la sucesora de Bletchley Park, la Government Communications Headquarters (GCHQ). En 1946, fue nombrada miembro de la Orden del Imperio Británico por sus actividades de descifrado de códigos.

En 1947, conoció al teniente coronel retirado del ejército John Kenneth Ronald Murray en la GCHQ y se casaron en 1952. A partir de entonces fue conocida como Joan Clarke Murray.

Joan Clarke murió el 4 de septiembre de 1996 en Headington, Inglaterra. Tenía setenta y nueve años. En 1992 concedió una entrevista para el programa *Horizon*, de la BBC, sobre la vida y muerte de Turing. Está disponible en internet, por si deseas conocer más de esta historia.

9

Con faldas y a lo loco

Me acuerdo perfectamente de la primera vez que utilicé una calculadora. Para mí fue un momento mágico. Existía una máquina que sabía sumar, restar, multiplicar e incluso dividir por muchas cifras... Créeme si te digo que aquello me parecía el culmen de la civilización, el punto más alto de desarrollo de la tecnología humana. También te digo que me sigue sorprendiendo la magia de la radio y que yo pueda viajar en coche escuchando mis programas favoritos. Oh, y me fascina la maquinaria agrícola, eso es así. En general, adoro, me asombro y disfruto mucho con la tecnología. En mi día a día traduzco con Gemini, le pido a ChatGPT que me escriba fórmulas en LaTex, organizo un viaje con DeepSeek y hago mis pinitos como realizadora de cine con Sora. Por supuesto, con todos tengo mis más y mis menos porque por muy inteligentes que se crean siguen cometiendo errores que me ponen muy nerviosa.

Estoy segura de que cuando elegiste este libro en lo primero que pensaste fue en que estaría lleno de explicaciones de inteligencia artificial (IA). No hace falta que me des las gracias por haberte descubierto un montón de algoritmos preciosos y muy útiles. Para mí ha sido un placer. Pero, evidentemente, en un libro como este no podía faltar un capítulo sobre inteligencia artificial.

La inteligencia artificial es un terreno asombroso y gigantesco lleno de ideas geniales y preciosas en matemáticas, ciencias de la computación e ingeniería. Hablar de IA en profundidad requeriría de un libro bien gordo solo para ella. En este campo hay multitud de algoritmos diseñados para multitud de tareas, desde descifrar la forma tridimensional de las proteínas hasta jugar al ajedrez. Todos son hermosas construcciones humanas, pero indagar en ellos queda un poco fuera del objetivo de este libro. Eso sí, estoy convencida de que en estas páginas hay una cuestión que hemos de acometer: explicar el fundamento de qué es y cómo funciona eso de la inteligencia artificial.

Empecemos por el punto más complicado de todo este asunto, la definición de IA. Si buscamos por ahí una definición de inteligencia artificial nos encontraremos con cosas muy parecidas a esta: «La inteligencia artificial engloba a todos los métodos algorítmicos que intentan simular lo que las personas entienden por inteligencia».

Efectivamente, es el ejemplo de definición que no define nada. Estoy segura de que una afirmación así te deja con un desasosiego interior difícil de acallar. O con las patas colgando, como se dice en mi pueblo. Vamos a leerlo otra vez. Te espero.

¿Has identificado el problema ahora? Efectivamente está en «lo que las personas entienden por inteligencia». Este trocito hace que la definición anterior sea totalmente inútil si antes no hemos definido lo que entendemos por inteligencia. Siento decepcionarte, pero yo no lo voy a hacer, en primer lugar porque no tengo ni idea de qué es la inteligencia. Podría hacer un bonito discurso comentando qué se ha dicho sobre la inteligencia desde la filosofía, la psicología, la neurociencia, la antropología, etc. Podría hacer eso y tampoco serviría para mucho porque no hay ninguna definición de consenso sobre el asunto. Definir la inteligencia es igual de difícil que definir la vida. Pero al igual que me pasa con esta última, yo no sé definir la inteligencia, pero la reconozco cuando la veo. Sinceramente, esta es mi definición favorita: inteligencia es aquello que reconozco como inteligente en otras personas o en mí misma. Qué profundo me ha quedado esto último, ¿verdad? Digno de aparecer en un sobrecito de azúcar. Muy bonito, pero tampoco muy operativo.

Entonces, ¿qué entendemos por inteligencia artificial? En general, llamamos inteligencia artificial a los algoritmos que se acercan a las distintas habilidades que tenemos las personas. Entre todas ellas hay una que brilla con luz propia: el reconocimiento de patrones. Y es que sí, las personas somos muy buenas reconociendo patrones. Por ejemplo, pueden ponernos un conjunto grande de imágenes y preguntarnos dónde hay gatos, y lo resolveríamos a golpe de vista, sin despeinarnos. La evolución nos ha dotado de esos superpoderes a lo largo de nuestra existencia porque, sin duda, ha sido una habilidad muy útil para sobrevivir.

Además, gracias a que tenemos un cerebro gordote y con muchas curvas, hemos llevado esa habilidad hasta límites insospechados. Reconocer patrones nos ayuda a clasificar problemas y dicha clasificación nos ayuda a aplicar soluciones comunes a problemas con rasgos comunes. También nos permite relacionar situaciones que se nos antojan totalmente diferentes, ya que podemos extraer las características comunes entre ellas y, a través de la abstracción, tratarlas de manera similar. Todo esto nos permite, en algunas ocasiones y a algunas personas, encontrar maneras innovadoras de resolver problemas y de entender el universo. Esta es una de las razones de nuestro avance como humanidad. No es la única, pero es una muy importante.

Pues bien, esta es una de las cosas que nos hemos empeñado en enseñar a las máquinas: a reconocer patrones para resolver problemas. La receta sería la siguiente:

1. Planteamiento del problema a resolver.
2. Reconocimiento de los patrones que se presentan en la situación inicial del problema.
3. Identificación de esos patrones en casos semejantes.
4. Aplicación de soluciones o adaptación de soluciones ya usadas en casos semejantes.
   a. En su defecto, aportación de nuevas e ingeniosas soluciones.

Implementar esta receta y que funcione es la clave para contar con generadores de imágenes, creadores de música, modelos de lenguaje con los que podemos charlar, aprender y discutir y todo el abanico de inteligencias artificiales que ahora mismo tenemos entre nosotros.

El mar y las montañas

Todo lo anterior es muy ambicioso o muy vago, lo sé. Podemos tener otra visión de la inteligencia tal y como la ven algunos de los líderes de la inteligencia artificial. Más que pensar en «la inteligencia», ellos describen las capacidades humanas como un paisaje montañoso, en el que cada montaña o colina es una habilidad de la que disfrutamos. Hay habilidades que son más fáciles de adquirir que otras y de ahí la diferencia en la altura y dificultad de alcanzar los distintos picos del paisaje. Tenemos la colina de la suma, que representa nuestra habilidad para sumar números, el risco de ordenación de números, la montaña de la conducción de coches y la cadena montañosa de la creatividad en música o en literatura. Entre otras muchas. Y ahí está también la montaña que más me gusta a mí, conocida como el gran pico de los teoremas. La idea es que las máquinas, las IA, que vamos construyendo y programando vayan llenando de agua ese paisaje. El nivel de dicha agua marca así las habilidades de las máquinas: cada zona inundada representa una habilidad o característica que ya ha sido superada por estas. Naturalmente, la colina de sumar es bajita y hace tiempo que el nivel del agua la ha superado (las máquinas suman mejor que nosotros), pero también han sobrepasado la colina de ordenar números y la montaña de jugar a las damas o al ajedrez o a casi cualquier juego que se nos ocurra.

Con esta visión nos podemos hacer la siguiente pregunta: ¿qué pasará cuando todos los picos, por altos que sean, estén por debajo del nivel del agua? Pues eso, amigas y amigos, es lo que se conoce como singularidad tecnológica. Este escenario es uno de los favoritos para autoras y autores de ciencia ficción distópica.

En la comunidad científica y filosófica que se dedica a estos temas las posturas son diversas. Hay quienes opinan que la singularidad no se producirá y que las máquinas siempre estarán controladas, ya que somos nosotras las que tenemos el interruptor. A no ser, claro, que hayamos delegado en ellas la propia gestión de la generación, transporte y gestión de la energía. Hay otras corrientes que afirman que la singularidad se llegará a alcanzar, pero difieren sobre el tiempo que tardará en ocurrir. La horquilla se encuentra entre menos de una década y algo más de un siglo. La cuestión es que llevamos con esa horquilla no menos de sesenta años... Aun así, por ahora seguiremos usándola. Es decir, realmente no tenemos mucha idea de cómo va a ser el futuro. Somos muy buenas reconociendo patrones, pero muy malas prediciendo el devenir. Ya lo dijo el hermano físico del matemático Harald Bohr, un tal Niels: que predecir cosas es muy difícil, especialmente si se intenta sobre el futuro.

Yo aún recuerdo las previsiones del *Reade'r Digest* sobre los años 2000: coches voladores, vacaciones en Marte, criogenia a cascoporro. Creo que todavía no tenemos nada de eso. Pero no cabe duda de que somos elementos de una especie muy optimista en lo que al futuro se refiere. Déjame que te cuente una anécdota relacionada con la IA y el optimismo.

En 1941 el alemán Konrad Zuse había construido la primera computadora programable, la Z3. Cinco años más tarde, en 1946, teníamos funcionando la ENIAC, una computadora programable que se empleó para la investigación balística en el Ejército de los Estados Unidos. Dos de las primeras máquinas funcionales para resolver problemas generales. Estás máquinas eran lentas, eran ruidosas y eran enormes. El *hardware* era muy tosco y aún se usaban tubos de vacío para el control de las corrientes, junto a relés y diodos de cristal. Un año después, en 1947, se inventó el transistor, posiblemente uno de los hitos más impresionantes de la historia. Esto revolucionó la construcción de computadoras: pasamos a la segunda generación, dejamos de usar los tubos de vacío y nos dejamos enamorar por los semiconductores y su potencia en electrónica. Así estábamos en 1956, cuando nos encontramos con Claude Shannon, Marvin Minsky, Nathaniel Rochester y John McCarthy. No son los únicos, pero podemos decir que son algunos de los padres de la IA; de hecho, fue McCarthy el que acuñó el nombre «inteligencia artificial». Estos cuatro amigos hicieron algunas previsiones sobre el futuro de la computación y pusieron fecha al momento en el que las máquinas llegarían a pensar por sí mismas. Según el estado de la computación, tanto a nivel de construcción como de programación, por aquel tiempo estimaron que juntando a diez personas durante dos meses conseguirían los siguientes hitos:

- Que las máquinas usasen el lenguaje.
- Que las máquinas pudieran abstraer conceptos.
- Que las máquinas lograran resolver problemas que hasta la fecha solo podían hacer las personas.
- Que las máquinas pudieran mejorarse a sí mismas.

Cito textualmente: «Pensamos que se pueden hacer avances significativos en uno o más de estos problemas si un grupo cuidadosamente seleccionado de científicos trabajan conjuntamente en ello durante un verano».

Un «sujétame el tubo de vacío» de libro, vaya. No creo que te sorprendas si te digo que los avances en aquel verano de 1956 no fueron, ni mucho menos, los de lograr una inteligencia similar a la humana.

¿Cómo lo hacemos?

Una vez que hemos decidido nuestro objetivo, resolver problemas tal y como lo hacemos nosotros, la pregunta que hay que resolver es: ¿cómo lo hacemos? La respuesta, sin embargo, no es única, pues en el campo de la inteligencia artificial se diseñan distintos tipos de algoritmos para solucionar distintos tipos de problemas. Los más populares son:

- **Sistemas expertos o sistemas basados en reglas**: Estos sistemas resuelven los problemas siguiendo cadenas lógicas y árboles de decisión. El esquema básico es el si-entonces. A estos sistemas se les proporciona unos datos iniciales y, siguiendo una serie de pasos lógicos y comparando con un conocimiento experto, llegan a una respuesta. Por ejemplo, podemos encontrar este tipo de sistemas en programas que ayuden al diagnóstico médico. Si el paciente tiene fiebre, dolor de pecho, dolor de articulaciones y tos seca entonces es muy probable que tenga gripe. Estos sistemas tienen la particularidad de que siempre podemos saber cómo se ha llegado a la respuesta final a partir de los datos iniciales. Bastaría con seguir la cadena de razonamientos lógicos y tener el conocimiento experto adecuado.

- **Algoritmos bioinspirados**: Este tipo de algoritmos, como los genéticos o las colonias de hormigas que vimos en el capítulo 7, simulan el comportamiento biológico o evolutivo para resolver problemas muy costosos computacionalmente. Este tipo de sistemas son muy útiles en los problemas de logística y de ubicación de servicios.
- **Redes neuronales**: Evidentemente, si queremos emular nuestra forma de pensar lo lógico es que intentemos emular el funcionamiento de nuestro cerebro. Cuando hoy día pensamos en inteligencias artificiales, se nos vienen a la cabeza las generadoras de imágenes, de música, de voz, las que te resumen trabajos de investigación o los modelos de lenguaje con los que podemos chatear de casi cualquier cosa y lo mismo te dicen dónde ir a cenar que te resuelven, con algún que otro problema, una integral complicada. Pues bien, todas estas tienen en la base las redes neuronales, que son justamente lo que indica su nombre, redes de «neuronas» artificiales que intentan hacer el mismo trabajo que hacen las nuestras en nuestro sistema nervioso.

A continuación, vamos a adentrarnos un poco en los algoritmos de redes neuronales para ver cómo un sistema artificial aprende a resolver un problema. El sistema de aprendizaje puede ser variado: o bien nosotros le proporcionamos las semillas a partir de las cuales aprende a hacer una tarea, lo que se llama en el mundillo «aprendizaje supervisado», o bien dejamos que la red neuronal, a partir de unas instrucciones muy básicas y genéricas, aprenda alguna tarea, como jugar al ajedrez o darnos la estructura tridimensional de cualquier proteína de la que sepa su cadena lineal de aminoácidos. Este aprendizaje es autónomo, sin ayuda. Es lo que se conoce como «aprendizaje sin supervisión».

Una de las características más sorprendentes y puede que inquietantes de estos sistemas es que cuando nos dan una respuesta a un problema a partir de unos datos iniciales no tenemos muy claro cómo han aprendido a resolverlo y a dar esa solución en concreto. Esto es la prueba de que hemos conseguido diseñar un algoritmo que se va modificando a sí mismo para llegar a un objetivo que le hemos marcado. A mí me parece maravilloso, sin duda.

Como su propio nombre indica, una red neuronal es justamente eso: una red, un grafo, donde cada vértice actúa como una neurona y donde las uniones, las aristas, actúan como las sinapsis entre ellas. Pero como soy una señora muy ordenada, antes de entrar a describir una red neuronal vamos a empezar por el elemento más básico de la misma, una neurona artificial, que además de ser interesante, tiene un nombre que me encanta.

No me llames neurona, llámame perceptrón

La lógica de todo esto es muy sencilla: si quiero emular un cerebro he de aprender a emular una única neurona. Aquí tenemos una neurona preciosa dibujada por la inteligencia natural de Raquel Gu.

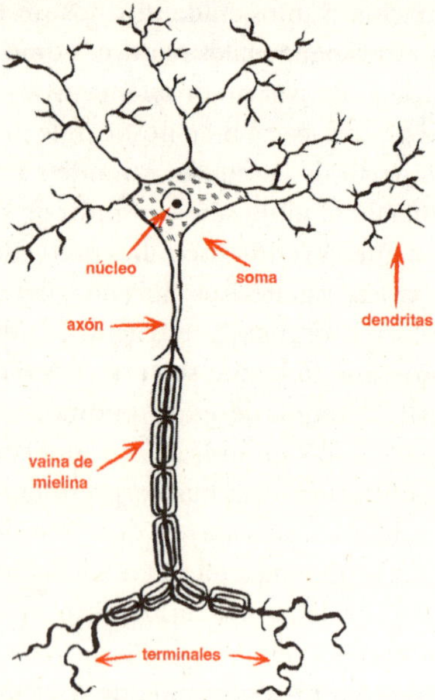

Una neurona es una célula altamente especializada con un cuerpo central que se denomina «soma», en el que se encuentra el núcleo de la célula. Alrededor del soma aparecen las dendritas, que son como las antenas receptoras de las neuronas. Por las dendritas entra la información y los estímulos nerviosos. Luego tenemos el axón, que es el cable de salida. La información se dirige a través del axón hasta los terminales, acabados en forma de botón. Los terminales de una neurona quedan cerca de las dendritas de otra neurona y ahí es donde se producen las sinapsis, con su respectiva transmisión de la información.

Esta es, muy brevemente, la descripción morfológica de una neurona. Y hay que recordar que fue don Santiago Ramón y Cajal el que hizo posible estudiar estas células tan maravillosas.

Sin embargo, para lo que a nosotros nos interesa, emular artificialmente una neurona, tenemos que centrarnos en cómo una célula neuronal procesa la información. Este es un tema muy bonito que, por cierto, da lugar a un modelo matemático precioso, el modelo de Hodgkin-Huxley.

La cosa funciona así:

1. Una neurona recibe una señal química (en ocasiones puede ser eléctrica) en sus dendritas. Esto se debe a que otra neurona ha segregado neurotransmisores en los espacios sinápticos.
2. Unas dendritas tienen conexiones más fuertes que otras, es decir, la información no circula igual por todas las sinapsis. Parece ser que el proceso de aprendizaje es justamente establecer y fortalecer algunas sinapsis en detrimento de otras.
3. Estos neurotransmisores alteran características de la membrana de la neurona. En reposo una neurona tiene bombas de iones que mantienen un potencial eléctrico en la membrana (unos -70 mV, el conocido como potencial de Nernst).
4. Si el estímulo sobrepasa un determinado umbral, el conocido como potencial de activación, las bombas iónicas dejan de mantener la situación de equilibrio y se produce una onda eléctrica a lo largo del axón.
5. Esta señal llega a las terminaciones axónicas, provocando la liberación de neurotransmisores (o iones), que afectarán a otra neurona.

Por favor, tened piedad de esta humilde matemática, que ha intentado explicar todo esto de una forma muy resumida. No dejéis pasar la oportunidad de leer un poco acerca del tema porque es un sistema maravilloso.

Lo que he intentado es capturar las partes más importantes a la hora de modelizar matemáticamente una neurona, modelo que luego podremos implementar físicamente en un computador. Veamos ahora paso a paso cómo cada concepto se captura en el modelo en tres puntos.

	Neurona	Neurona artificial
1	Recibe una señal por las dendritas	Recibe unos datos de entrada x_i
2	Unas sinapsis son más fuertes que otras	Cada dato de entrada se multiplica por un peso w_i
3	Si la señal que llega a la neurona supera un umbral, se dispara el potencial de activación y se transmite la señal neuronal	Si la suma de los datos multiplicados por los pesos supera un umbral, se genera una respuesta

He resumido todo esto en un diagrama en la siguiente figura:

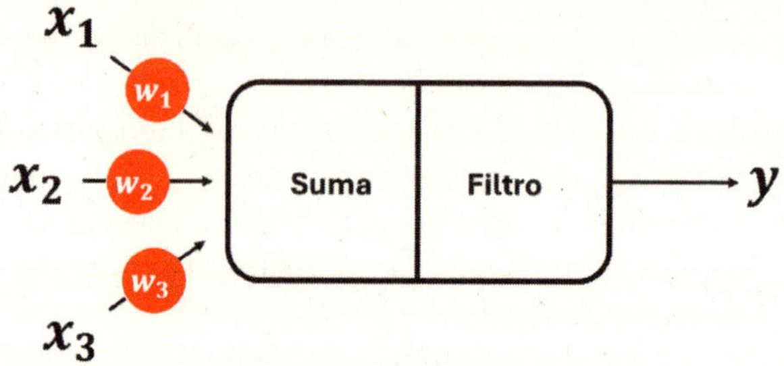

En la neurona artificial tenemos una serie de datos de entrada: estos son los números x_1, x_2 y x_3. Nosotros hemos elegido una neurona con tres entradas, pero, en principio, podemos tener las que queramos. Ahora, dependiendo de la entrada por la que accedan a la neurona se encontrarán con que se refuerzan o se debilitan como señales, es decir, que cada canal de entrada tiene un peso que le da más o menos importancia al dato que circula por dicha entrada. Esos pesos son w_1, w_2 y w_3. Los pesos pueden tomar cualquier valor real, positivos o negativos, tras lo que podemos intuir que pesos positivos refuerzan la señal de entrada y pesos negativos inhiben la importancia de la misma. Lo que recibe la neurona es el producto de cada señal de entrada por el peso correspondiente del acceso por el que ha entrado, es decir, $x_1\, w_1$, $x_2\, w_2$ y $x_3\, w_3$.

Una vez tenemos todo esto en la neurona, se procede a sumar estos productos: $x_1 w_1 + x_2 w_2 + x_3 w_3$. Esta cantidad puede estar modificada por un valor de desvío δ, que puede ser también positivo o negativo. Este representa cualquier sesgo que queramos introducir en la forma de procesar la información premiando o castigando a una neurona. Por lo tanto, tenemos una cantidad total igual a $x_1 w_1 + x_2 w_2 + x_3 w_3 + \delta$. Ahora esta cantidad se hace pasar por un filtro, y si consigue superarlo entonces se genera una respuesta y.

¿Qué filtro es ese? Pues en realidad es una función que simplemente recoge el resultado de la suma y nos da de vuelta un valor 1 o 0: la información pasa y recibimos una respuesta (1) o la información no pasa y nos quedamos sin respuesta (0). Simplificando, el filtro compara la suma que entra con un valor determinado: si es mayor que ese valor da como salida 1 y si es menor, da como salida 0.

Al modelo matemático de una única neurona se le llama «perceptrón». Es un modelo limitadito que solo puede hacer una cosa: clasificar.

Este modelo fue propuesto en 1957 por Frank Rosenblatt, un psicólogo dedicado a la inteligencia artificial. Fue el primer paso para el diseño de un cerebro electrónico; luego evolucionó de modelos de una única neurona a modelos multicapa. Y la verdad es que el nombre, perceptrón, es de lo mejor que he leído en toda mi carrera. Es ciertamente un buen nombre porque lo que se buscaba era que un sistema artificial aprendiera a diferenciar distintos caracteres escritos.

Vamos a ver ahora, con un ejemplo, cómo funciona un perceptrón o neurona.

Imagina que nos encargan programar un perceptrón unicapa para recomendar películas a clientes en una nueva plataforma. Lo primero que hacemos es conectar nuestro sistema con un servicio de puntuación de películas, como, por ejemplo, el Grima Movie Database (GMD), en el que las películas se puntúan de 1 a 5. De ahí obtenemos el dato x_1, que será la puntuación media de la película que estemos analizando.

A continuación, a partir de los datos de nuestra plataforma, obtenemos el dato, que será el número de películas del mismo género (que la película que estemos analizando) que el cliente ha visto.

Por tanto, nuestra neurona tendrá dos entradas: al dato del promedio de la película en el GMD le vamos a dar un peso $w_1 = 0,7$ y al dato del número de veces que se ha visto películas similares, $w_2 = 0,3$. Como en realidad queremos que nuestro sistema sea optimista, es decir, que tienda a recomendar películas, le vamos a meter un sesgo: $\delta = 2$. Así favorecemos que haya recomendaciones.

Y por último metemos nuestro filtro, nuestra función de activación. Esta función nos dará un 1 si el resultado de la suma total es mayor o igual a 5 y, consecuentemente, nos devolverá un 0 si la suma es menor que 5.

Supongamos que la peli que tenemos que decidir si recomendar o no es *Con faldas y a lo loco*. Los datos de esta pregunta son:

1. **Entradas**

   $x_1 = 4,2$ según el GMD.

   $x_2 = 5$ (nuestro cliente ha visto muchas comedias clásicas).

2. **Suma**

$$x_1 w_1 + x_2 w_2 + \delta = (4,2 \cdot 0,7) + (5 \cdot 0,3) + 2 = 6,44$$

3. **Función de activación o filtro**

   El valor obtenido es mayor que 5; por lo tanto, el resultado final es $y = 1$. Recomendamos la película.

Esta es una idea simple y poderosa. Pero hay un detalle que no hemos tratado y que quizás te estés preguntando. En este ejemplo hemos dirigido totalmente a nuestra neurona, marcándole los pesos que tiene que usar, pero queremos que estos pesos los calcule ella.

La cuestión es cómo aprende un sistema, cómo se enseña a aprender y qué significa que aprenda.

La idea ya la hemos anticipado antes: parece ser que nosotros aprendemos afianzando sinapsis, es decir, que vamos modelando las conexiones neuronales. Eso en nuestro modelo se traduce en ir ajustando los valores de los pesos de nuestras neuronas.

Supongamos que hemos abierto una copistería, pero que a la vez nos hemos metido en un máster de Inteligencia Artificial, gracias a lo cual hemos decidido entrenar a un perceptrón para que calcule el precio de las copias que realizamos.

Nosotros sabemos que el precio de las copias sigue esta función:

$$\text{Precio de las copias} = 2 \cdot (\text{Número de copias})$$

A esta fórmula llegamos porque a cada copia queremos ganarle 2 céntimos. Pero como somos muy matemáticos, lo vamos a escribir así:

$$y = 2x$$

Nuestro objetivo es que una neurona aprenda a determinar el precio de las copias, es decir, que cuando nosotros le digamos la entrada x ella nos devuelva el precio correcto a partir de un histórico de precios. ¿Cómo podemos lograrlo? En este caso, nuestra neurona tendrá una entrada y una salida, como representamos en la siguiente figura:

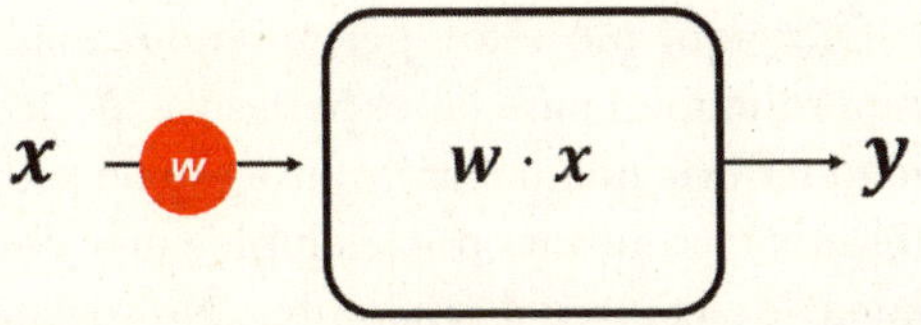

Al peso le damos un valor inicial arbitrario, por ejemplo, $w_0 = 0$, y, para simplificar, no hemos puesto filtro, o sea, cualquier resultado nos vale como salida.

Lo primero que hacemos es proporcionarle al perceptrón unos datos históricos de entrenamiento como los que hay en la siguiente tabla.

x	*y*
1	2
3	6
4	8

Estos se los mostramos a la neurona, es decir, en su programación tiene acceso a esta tabla de valores y puede comparar sus resultados con estos datos.

Ahora dejamos que trabaje, comenzando un proceso de repetición para ir ajustando los valores del peso y del sesgo correctos.

- **Predicción inicial**

  Le proporcionamos el valor $x = 1$ a la neurona, correspondiente a una copia. Por lo tanto, ella nos dará una primera salida, el precio a cobrar por una copia:

$$y_0 = w_0 \cdot x = 0 \cdot 1 = 0$$

  La verdad es que esta predicción es una porquería. Pero que no cunda el pánico: en su programación la neurona compara su resultado con el resultado de la tabla y calcula un error.

$$E_0 = (\text{valor predicho-valor de entrenamiento}) = 0 - 2 = -2$$

  Ojo, aquí me estoy permitiendo unas licencias imperdonables para las expertas y expertos. En realidad tendría que hacer un proceso de propagación del error y utilizar, por ejemplo, una cosa que se llama «descenso del gradiente». No voy a entrar en detalles porque prefiero sacrificar en este punto algo de formalidad para ganar algo de simplicidad.

- **Actualización de los parámetros**

  Ahora la neurona define un nuevo valor para el siguiente peso (la siguiente propuesta de precio para cada copia) a partir del peso anterior, w_0, y del error cometido, E_0:

$$w_1 = w_0 - \eta E_0$$

  Como ves, hemos introducido un nuevo parámetro, η (es la letra griega eta), que se conoce como tasa de aprendizaje. Es un parámetro que controla lo mucho o lo poco que van a cambiar los parámetros del modelo neuronal en cada iteración. Si elegimos ese parámetro muy grande, los cambios serán muy rápidos, pero puede que nos saltemos los valores correctos. Por contra, si elegimos ese parámetro muy pequeño, los cambios serán también pequeños en cada iteración y puede que necesitemos mucho tiempo para llegar al valor correcto. Elegir bien este parámetro depende del problema que tengamos y la potencia computacional de la que dispongamos en cada momento.

  Supongamos que elegimos un valor $\eta = 0{,}5$. Entonces los nuevos parámetros serán:

$$w_1 = 0 - 0{,}5 \cdot (-2) = 1$$

No está nada mal. Nuestra neurona está aprendiendo rápidamente y ha actualizado su valor del precio a 1, que ya se encuentra mucho más cerca del valor correcto. ¿Qué hay que hacer ahora? Fácil: hay que iterar, es decir, hay que repetir el procedimiento con los nuevos datos.

Empezamos calculando el valor predicho por nuestra neurona para una copia utilizando el nuevo peso, w_1:

$$y_1 = w_1 x = 1 \cdot 1 = 1$$

Ahora calculamos el error cometido en esta ocasión:

E_1 = (valor predicho-valor de entrenamiento) = 1 – 2 = –1

Y volvemos a actualizar el valor del peso:

$$w_2 = w_1 - \eta E_1$$
$$w_2 = 1 - 0{,}5 \cdot (-1) = 1{,}5$$

Muy bien. Nuestra pequeña neurona está aprendiendo muy rápido, acercándose cada vez más al valor correcto. Vamos a pararnos aquí, con el precio a 1,5, pero si sigues iterando, verás cómo poco a poco se va acercando al precio real, que es 2.

Evidentemente el proceso realmente es más complejo porque hay que utilizar todos los valores de entrenamiento, jugar con valores medios de errores y parámetros, etc. Pero sinceramente creo que este ejemplo nos ayuda a entender cómo es posible que algo artificial aprenda. Ahora ya sabemos que aprender es ajustar parámetros, lo que le quita un poco de misterio a la IA y, a su vez, la dota de muchísima más belleza. Al menos a mí me lo parece.

Redes llenas de neuronas

Vamos, ahora sí, a tratar de definir qué es una red neuronal y cuáles son los elementos que la componen. Al menos, las redes neuronales más sencillas. Para ello usaremos otro ejemplo, un problema de reconocimiento de patrones, eso que las personas hacemos tan rápido y tan bien.

Supongamos que queremos construir un sistema que permita distinguir la imagen de un semáforo. Para ello vamos a utilizar una idea que, de alguna forma, ya vimos en el capítulo 7: la de los algoritmos genéticos y de hormigas. Al igual que pensamos que los procesos de la genética son geniales para encontrar individuos que se adapten bien a un medio y basándonos en ello desarrollamos los algoritmos genéticos, o que las colonias de hormigas son buenas encontrando caminos óptimos, lo cual nos permite diseñar metodologías para resolver problemas que computacionalmente son muy costosos, si queremos que el ordenador aprenda, ¿qué producto de la naturaleza es el mejor en labores de aprendizaje? La respuesta es evidente: el cerebro.

Pero tenemos un problema: no sabemos cómo funciona exactamente. Esto es verdad; sin embargo, sí hay cosas que sabemos (cómo funcionan las neuronas, por ejemplo), y basándonos en esos conocimientos podemos diseñar las redes neuronales o sistemas informáticos que se alimentan de datos y son capaces de encontrar patrones.

Entonces, si queremos construir una red neuronal que reconozca si una imagen contiene un semáforo o no, ¿cómo lo hacemos? La respuesta simple es: no lo sabemos. Lo que hacemos es entrenar a redes neuronales para que ellas mismas se vayan refinando hasta que sean muy buenas reconociendo imágenes de semáforos. En otras palabras: a partir de datos (muchos datos) las redes neuronales se van autoconstruyendo o automodificando hasta llegar a una que es buena identificando semáforos, pero no tenemos ni idea de en qué se fija esa red para identificarlo. ¿Confuso? Sí, pero a estas alturas espero haberme ganado la confianza del lector o lectora, en mí y en los algoritmos, y voy a tratar de explicar paso a paso todo el proceso, que es algo más simple de lo que parece a primera vista.

El aspecto que tiene una red neuronal es el siguiente:

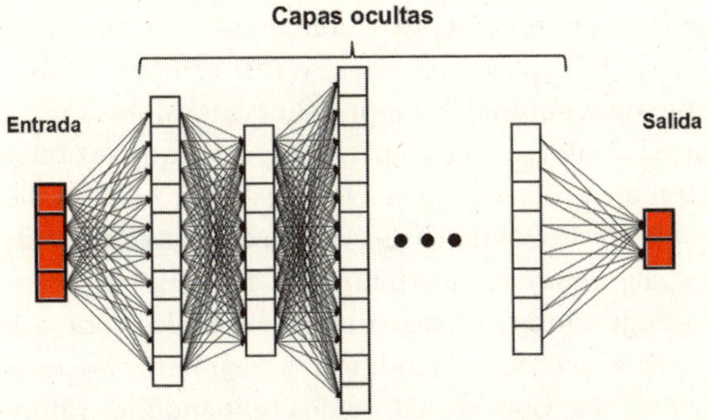

Está constituida por capas y se ha de interpretar de izquierda a derecha (tal y como indican las flechas). La primera capa lo que hace es recibir los datos que deseamos analizar. En el ejemplo de la imagen, esa capa podría estar constituida por tantas neuronas como píxeles tenga la imagen (o el triple de neuronas que píxeles, porque cada píxel se puede expresar con tres valores numéricos, como ya vimos en su momento). Después tenemos las capas ocultas, que es donde sucede la magia. Cada neurona de la primera capa envía un valor numérico a los elementos de la segunda capa; luego, estas neuronas combinan esos valores para enviar otro valor numérico a las neuronas de la siguiente capa, y así sucesivamente.

¿Qué pasa en las neuronas de cada capa? A estas neuronas les entran unos valores que vienen de la capa anterior (o de los píxeles de la imagen original, en la capa de entrada), valores que se multiplican por los pesos w_i (como explicamos antes, al hablar del perceptrón). Después se suma todo para dar un valor de salida que se manda a las neuronas de la siguiente capa. Finalmente, se llega a la capa de salida, que dice si la imagen contiene un semáforo o no según el valor que tome.

Digamos que si el valor final es mayor que 0,5 decimos que sí contiene un semáforo y si es menor que ese número entonces no hay semáforo. Estos pesos o valores w_i son distintos para cada neurona. El proceso consiste en encontrar los mejores valores que puede tomar cada neurona para que la capa de salida acierte siempre o casi siempre, como en el ejemplo de la copistería. En principio, los valores son fijados de forma aleatoria, con lo cual la respuesta que se obtiene es también aleatoria. Lo que se hace es crear muchas de esas redes y meterles los datos de entrada a todas ellas. Evidentemente, algunas redes acertarán más que otras: el sistema de aprendizaje consiste en descartar las redes (los valores de w_i) que menos acierten y modificar ligeramente los mejores, una y otra vez. Con lo cual iremos refinando los valores de cada neurona hasta obtener unos valores de w_i que identifiquen casi siempre si están ante la imagen de un semáforo.

Al final de este proceso, no tendremos ni idea de en qué se fija la red neuronal, a qué da más importancia, para identificar que se encuentra ante la imagen de un semáforo: ella sola se habrá ido recomponiendo hasta realizar su tarea de forma eficiente..., eficiente y de forma totalmente desconocida para nosotros. No le hemos dicho «los semáforos suelen tener forma rectangular y están compuestos por tres luces o más de colores amarillo, rojo y verde» ni nada semejante. Solo hemos sometido a la red a un entrenamiento consistente en introducir muchas imágenes, algunas con semáforos y otras no, y ella sola se ha ido reconfigurando para cumplir la tarea encomendada. Igual que a un bebé no le definimos lo que es un semáforo, sino que su cerebro se va alimentando de imágenes a la vez que le transmitimos qué es eso que está viendo y poco a poco lo va asimilando. De hecho, los humanos somos muy hábiles reconociendo patrones, pero los ordenadores cuentan con una gran ventaja: una enorme capacidad de procesamiento y una gran memoria (y no se fatigan a la hora de aprender).

¿Quién entrena a quién?

La fase en la que la red neuronal se autoconfigura es lo que se conoce como el entrenamiento de la red. En esos momentos, lo que necesita el sistema son muchos datos y alguien o algo que le diga si su respuesta es correcta o no. Así que a la hora de programar una red neuronal necesitamos, además del diseño inicial, datos y evaluaciones. ¿Cómo se consiguen esos datos y esas evaluaciones?

En algunos casos, los datos los genera el propio sistema que estamos diseñando: es lo que se conoce como autoaprendizaje. Un ejemplo muy notable es AlphaZero, un programa desarrollado por la empresa DeepMind. Después de un autoaprendizaje de solo cuatro horas (¡cuatro horas!) AlphaZero logró derrotar en 2017 a Stockfish en un torneo a cien partidas, de las que ganó veintiocho y empató las restantes. Preciso: no perdió ninguna partida. Para situar la magnitud de lo alcanzado, digamos que Stockfish en aquella época era el motor de ajedrez más potente del mundo, que examinaba una cantidad ingente de variantes a partir de cada posición (70 millones de posiciones por segundo, en contraste con las solo 80.000 que examinaba AlphaZero).

Para entender de qué hablamos cuando decimos que Stockfish era muy potente, recordemos que la capacidad de un jugador de ajedrez se mide por una puntuación llamada Elo (sistema de puntuación muy interesante, pero, por no despistarnos, no me voy a explayar en él). Un jugador de club de ajedrez puede rondar los 1.000 Elo y un experto nacional, los 2.100. A partir de aquí las puntuaciones se comprimen; un maestro de la federación internacional suele rondar los 2.300 (y le gana casi siempre a uno de 2.100). La siguiente categoría importante, la de maestro internacional, puede estar cerca de los 2.500; un gran maestro, de unos 2.600, y los mejores jugadores de la historia han conseguido un Elo de 2.800. Por lo tanto, un sistema que tuviera un Elo de 2.900 ganaría casi siempre a cualquier humano y se puede decir que con un Elo de 3.000 es imposible que pierda contra los mejores del mundo. Pues Stockfish tenía un Elo de 3.400 cuando AlphaZero se lo zampó.

Stockfish contaba con una base de datos de miles de partidas jugadas por humanos y otras máquinas y multitud de reglas de aperturas y finales de ajedrez. AlphaZero no tenía nada de eso. Solo se le explicó cuáles eran las reglas del ajedrez. A partir de esas reglas, el sistema jugó contra sí mismo millones de veces y fue extrayendo patrones de posiciones ganadoras y perdedoras que le permitieron derrotar al mejor sistema del momento. En general, se puede afirmar que Stockfish juega con un estilo perfecto, pero muy humano, mientras que AlphaZero realiza movimientos sorprendentes de los cuales no se vislumbra su objetivo pero que acaban llevando a posiciones ventajosas. Este mismo sistema ha sido ya implementado con éxito para otros juegos, como el *go*, derrotando de nuevo a los mejores humanos. Se puede decir que la montaña de ajedrez, *go* o cualquier juego lleva algunos años inundada.

Pero hay otros casos en los que los datos para el aprendizaje de la red no los puede generar ella misma y hay que alimentarla con cuantos más datos mejor. No es ninguna sorpresa si digo que hoy en día se pueden encontrar datos de casi cualquier cosa; de hecho, existen programas informáticos (los famosos bots) que se dedican a buscar esos datos que todos proporcionamos para alimentar inteligencias artificiales. Voy a poner solo dos casos relacionados con la medicina, pero existen muchísimos, cada vez más.

En 2023, un equipo de investigación dirigido por el Imperial College de Londres entrenó un modelo de IA con millones de resultados de electrocardiogramas (ECG), con el objetivo de identificar patrones que pudieran indicar que alguien corre un alto riesgo de sufrir problemas cardiacos. El modelo, que se puso a prueba, predijo la probabilidad de muerte en la década posterior a un ECG, y acertó el 78 % de las veces. ¡A diez años vista! La IA encontró patrones que los cardiólogos más experimentados no veían, por imperceptibles, alcanzando una precisión a tan largo plazo impensable para los humanos.

Igualmente, otra IA desarrollada en 2024 en Edimburgo se entrenó para diagnosticar si un paciente estaba sufriendo un infarto en momentos iniciales de los síntomas con un porcentaje de éxito en el diagnóstico superior al 99 %. Son solo dos ejemplos, y otros muchos están llegando y llegarán. En ambos casos, a la IA se le proporcionaron los datos de miles o millones de pruebas y se le entrenó con la evolución de los pacientes a los que se había sometido a dichas pruebas.

Pero si volvemos al ejemplo inicial, al de identificar semáforos, ¿acaso hay alguien mostrando muchas fotos a un sistema y diciéndole esto es un semáforo y esto otro no lo es?

La respuesta es sí: tú y yo.

¿Cómo? A través de los *captchas*, esas pruebas que nos ponen para entrar en algunos sitios en los que tenemos que probar que somos humanos.

En el momento en el que escribo esto, y desde hace algún tiempo, son muchos los *captchas* en los que aparecen semáforos, autobuses, bicicletas, señales de tráfico, bocas de riegos, etc. La razón es sencilla: estamos entrenando a las IA para desarrollar modelos de conducción autónoma. Los sistemas son capaces de identificar más o menos bien algunos elementos (de imágenes de calles que consiguen a través de bots), pero para otros necesitan nuestra ayuda... y se la estamos dando. En otras palabras, estamos ayudando a Elon Musk (y a otros, naturalmente) a desarrollar sistemas para que los automóviles puedan usarse sin intervención humana. Ojo, que estoy convencida de que cuando eso se consiga, las carreteras serán más seguras. No todo va a ser malo alrededor de esos personajes. Así es como, voluntaria o involuntariamente, muchas veces entrenamos inteligencias artificiales.

Y hasta aquí, esta es la idea muy simplificada de eso que se llama aprendizaje profundo, o *deep learning*, que no es más que un algoritmo de aprendizaje basado en redes neuronales de muchas muchas capas.

Podemos hacer que redes neuronales aprendan de forma asistida o de forma autónoma sobre multitud de tareas, desde jugar al ajedrez hasta planificar vacaciones. Solo hace falta un buen entrenamiento y, por supuesto, una buena supervisión. Esto es lo que se esconde detrás de muchos de nuestros chats inteligentes favoritos, de los sistemas de creación de imágenes y vídeos, de los de reconocimiento de imágenes y de un largo, larguísimo, etcétera.

Y esto nos lleva al punto final de este libro, donde vamos a tocar otras de mis grandes pasiones: la ética y la filosofía.

Entonces, ¿no hay peligro con la IA?

Voy a ponerme un poco seria. En realidad, siempre que hablo de matemáticas soy muy seria, aunque intento no ser demasiado aburrida. En este libro lo que he pretendido es mostrar que el concepto de algoritmo no tiene ninguna connotación negativa en sí mismo. Es decir, un algoritmo no es más que una receta para resolver problemas. Ni más, ni menos. Pero es cierto que hoy día hay cierta inquietud con el término, y mucha, si no toda, viene de la asociación de la palabra con las inteligencias artificiales, que cada vez están más extendidas.

La cuestión es que un algoritmo para calcular el mínimo común múltiplo de dos números o el trayecto más corto en una ruta tiene poca carga moral o ética. Hacen lo que hacen, mejor o peor, y ya está. El problema viene cuando diseñamos algoritmos que aprenden y se adaptan y los usamos para tomar decisiones que nos afectan directamente. Ahí es cuando la ciencia y tecnología más puntera tiene que mirar a los ojos a la filosofía para pedirle ayuda.

En mi casa es auténtica devoción lo que hay por la filosofía. He de precisar que en mi hogar, por obra del destino, todos tenemos formación científica. Predominan las matemáticas y la ciencia de la computación, pero también admitimos físicos. Incluso hay un chaval que vive con nosotros, mi hijo, que es físico y filósofo. Y lo sigo queriendo a pesar de ser físico, no creas. Como te decía, en las comidas familiares tenemos acaloradas discusiones entre nihilistas y existencialistas. Entre los que van a muerte con Tomás de Aquino o los que consideran que Descartes la pifió al meter a Dios como verdad absoluta de la que no se puede dudar. Y también se discute de fútbol o de política, claro, mucho Betis y aúpa Éibar. Somos mucho de intercambiar opiniones de forma muy pasional sobre casi cualquier tema. Eso sí, hay una cosa que no se discute nunca: que la situación actual requiere un punto de reflexión y un punto de distancia respecto a los avances tecnológicos que solo nos puede proporcionar la filosofía.

Como ya he contado en muchas ocasiones, yo lo que quería estudiar cuando fuese a la universidad era filosofía. Fue precisamente mi profesor de filosofía del instituto, Antonio Hurtado, el que me convenció de estudiar matemáticas. Nunca se lo agradeceré lo suficiente. Pero no me enrollo más con mis anécdotas vitales. Vamos a analizar los puntos en los que las inteligencias artificiales nos pueden poner en aprietos éticos.

Discriminación algorítmica

En realidad, esto no es un problema intrínseco de la IA, es decir, la IA no discrimina por convencimiento o porque sea un agente del mal. El problema aquí son los datos con los que se entrena a una inteligencia artificial. Es decir, si una inteligencia artificial discrimina a un grupo de personas por su color, etnia, género o religión, eso no implica que la IA sea malvada, sino que nuestros datos, los que nosotros hemos generado y de los que ha aprendido, son moralmente cuestionables.

Ha habido casos de discriminación algorítmica famosos, como el sistema que usó Amazon para contratar personal en la década de 2010. De repente, ¡oh, sorpresa!, se descubrió que el sistema discriminaba a las mujeres. ¡Vaya por Dios! Resulta que los datos de entrenamiento con los que se había enseñado a la IA eran el histórico de contratación de la empresa y, adivina qué, había un sesgo muy grande a favor de los hombres.

Podemos también recordar a Tay, el chatbot desarrollado por Microsoft en 2016 que fue puesto *online* en el antiguo Twitter para que hablase con personas. En menos de veinticuatro horas, Tay estaba publicando mensajes racistas, misóginos, homófobos y otras lindezas. ¿Qué ocurrió? Pues que hubo una campaña orquestada para inundar a Tay con ese tipo de mensajes, ya que a muchos usuarios les pareció gracioso ver a esa máquina convertirse en algo despreciable. Tay no era ni racista, ni misógina, ni homófoba, pero sí lo eran los cientos de mensajes con los que se alimentó para aprender.

En Sanidad, por ejemplo, las mujeres o los grupos minoritarios han proporcionado menos datos y se ha observado menor precisión en sistemas de diagnósticos cuando el paciente no es un varón blanco. Algunas IA usadas por sistemas de justicia y otras por bancos perjudican a personas de comunidades minoritarias porque los datos con los que se alimentan así lo hacen. De esta forma, el sistema identifica como posibles delincuentes a personas de raza negra con mayor frecuencia y, en el caso de los bancos, deniega más créditos basándose en sesgos sociales y de raza.

La IA, pues, no tiene sesgos propios: los hereda de nosotros.

Aquí se plantea uno de los problemas éticos más importantes del desarrollo de inteligencias artificiales: ¿quién debe proporcionar los datos de entrenamiento?, ¿quién vigila, detecta y corrige los sesgos?, ¿nos fiamos de su criterio?

Privacidad

Hoy día podemos tener sistemas que son infalibles reconociendo caras. Pero no solo eso: también tenemos gran capacidad de manejo de ingentes cantidades de datos. Con esto podemos intentar desarrollar perfiles y estudios por IA que intenten deducir patrones criminales en las personas que transitan por una calle. Basta poner muchas cámaras y gestionar las imágenes con una buena IA entrenada para tal efecto.

Sin embargo, aquí podemos entrar en el dilema entre seguridad y privacidad. No existe tal dilema, al menos como yo lo veo: aunque nos pueda parecer muy bien a primera vista un mundo como el de *Minority Report*, hemos de ser conscientes de que no se nos puede asegurar que la IA que juzgue nuestro comportamiento, invadiendo nuestra intimidad en muchos casos, no esté manipulada o llena de sesgos por aprendizaje.

Esto nos llevaría a una sociedad totalmente controlada bajo un omnisciente Gran Hermano. Y no queremos eso, ¿verdad?

Responsabilidad

Vale, somos geniales y estamos desarrollando sistemas cada vez más autónomos. Se dice que no pasará mucho tiempo antes de que haya coches que vayan solos por ahí o robots médicos haciendo operaciones de precisión y gestión de vuelos. Suena maravilloso, sí. Salvo por un detalle: ¿qué pasa cuando ocurre lo impensable?

Es casi imposible no considerar la posibilidad de que algo vaya mal: que un coche autónomo tenga que decidir sobre la vida de sus ocupantes o las personas del exterior, que un robot médico tenga la vida de una persona en sus «manos» o que un vuelo se vaya a estrellar cerca de una zona habitada. Por mucha inteligencia artificial que tengamos, los accidentes no van a desaparecer; puede que se reduzcan mucho, sí, pero no van a esfumarse. Entonces, ¿de quién es la responsabilidad?

Aquí hay que profundizar en qué es la responsabilidad, qué es ser responsable y si una máquina lo es o no de sus actos y sus decisiones. Al fin y al cabo, sus decisiones se basan en un análisis de cada situación y en su aprendizaje. Cuestiones como estas se están discutiendo en la actualidad a un nivel muy profundo. De hecho, posiblemente hayas oído hablar de la iniciativa «Máquina Moral» (la puedes buscar en la red) del Instituto Tecnológico de Massachusetts (MIT). Se trata de un juego en línea, un experimento social, en el que se te van mostrando situaciones en las que tienes que decidir qué debería hacer un coche autónomo en una situación complicada donde la vida de transeúntes y ocupantes del coche pueden estar en compromiso. El MIT no oculta sus intenciones, pues dice literalmente:

> Bienvenido a la Máquina Moral. Una plataforma para recopilar una perspectiva humana sobre las decisiones morales tomadas por las máquinas inteligentes, como los coches autónomos. Te mostramos dilemas morales, donde un coche sin conductor debe elegir el menor de dos males, como elegir entre matar a dos pasajeros o cinco peatones.

Es más, te anima a buscar otras situaciones: «Si te sientes creativo, también puedes diseñar tus propios escenarios».

Este estudio lleva ya unos años y se están encontrando cosas curiosas no solo para entrenar mejor a los coches autónomos en un futuro, sino para entender nuestras percepciones e ideas morales y éticas. Por ejemplo, se sabe que en la parte occidental se tiende a salvar más a las personas jóvenes que a las personas mayores. Sin embargo, en el oriente asiático se tiende a salvar preferentemente a las personas de mayor edad. Con esto estamos aprendiendo muchas cuestiones no solo de las máquinas, sino de nosotros como personas. La inteligencia artificial está haciendo que nos paremos a reflexionar sobre nosotras mismas.

Desigualdad

La aparición de la IA está poniendo el foco en un debate muy interesante. Estas tecnologías, ¿van a producir un desplazamiento laboral? ¿Se va a incrementar el desempleo? ¿Habrá más brecha socioeconómica entre distintos escalones sociales? Todas estas preguntas son inminentes y habrá que resolverlas.

Es casi seguro que, como ha ocurrido en toda época de revolución tecnológica, muchos trabajos que ahora conocemos desaparezcan porque habrá máquinas que lo hagan mucho mejor que nosotros. Pero lo que es seguro también es que aparecerán trabajos que ahora ni imaginamos. Lo que sí que podemos intuir es que vamos a necesitar una fuerza laboral muy especializada y muy bien formada en matemáticas, ingeniería, computación y filosofía.

El problema es que vamos a vivir una etapa de transición, como ocurrió cuando el mundo cambió para siempre con la máquina de vapor o con la informática en el hogar. Sin embargo, entonces fueron cambios graduales. Hoy en día nos tenemos que enfrentar a esa etapa pero con un avance tecnológico mucho más rápido que nuestra capacidad de adaptarnos a los cambios sociales que vienen de la mano.

Por eso tenemos que asegurar una buena cobertura social para los que acaben desplazados laboralmente o en situación de desempleo y, por otra parte, garantizar que haya mecanismos para que los ciudadanos puedan tener una formación que les permita afrontar las nuevas exigencias laborales que se nos vienen encima con estas tecnologías.

Sí, es posible que la IA y la singularidad tecnológica se lleven por delante muchas profesiones. Igual es el momento de plantearse, no sé, que los salarios no han de estar necesariamente asociados a trabajos o, al menos, a trabajos que impliquen una aportación a la riqueza del país. Igual los salarios deben vincularse a otras funciones o tareas que deberíamos empezar a plantearnos ya; podrían ser cuestiones en beneficio de la sociedad, de la felicidad común, etc. A mí no me preocupa que la IA me quite el trabajo, lo que me preocupa es que me quite el sueldo o, al menos, la capacidad de adquirir bienes básicos, como la comida, una vivienda, vestimenta u ocio.

En fin, todos estos problemas necesitan de una fuerte reflexión sociológica, psicológica y política. Espero que nadie quiera posponer estas decisiones, porque el futuro no espera: está aquí desde ayer.

Impacto medioambiental

Otro aspecto que no podemos obviar en el desarrollo de la inteligencia artificial es que puede acarrear diversos problemas ecológicos importantes, derivados, principalmente, de la ingente demanda de recursos y energía que requieren el entrenamiento, el funcionamiento y la infraestructura de los sistemas.

El entrenamiento de modelos complejos de IA requiere una enorme cantidad de poder computacional en procesos que pueden durar días, semanas o incluso meses, consumiendo cantidades masivas de electricidad. Si esta electricidad proviene de combustibles fósiles, puede influir en las emisiones de gases de efecto invernadero y, por lo tanto, en el cambio climático. Una vez entrenados, los modelos requieren un funcionamiento continuo, lo que implica un consumo constante de energía.

Por otra parte, el auge de la IA impulsa la necesidad de construir y mantener centros de datos cada vez más grandes y potentes para albergar la infraestructura computacional necesaria. Estos centros de datos consumen enormes cantidades de energía para operar los servidores, los sistemas de refrigeración y otros equipos. Pero es que, además, los centros de datos generan una gran cantidad de calor, por lo que requieren sistemas de refrigeración eficientes, que a menudo consumen grandes cantidades de agua. En algunas zonas de este lindo planeta que habitamos no tenemos capacidad hídrica que soporte esto. Y hablando de capacidad y recursos, la producción de chips y otros componentes requiere la extracción y manipulación de recursos naturales, que incluyen metales raros y tierras raras. Esto puede generar residuos tóxicos y contaminación del agua.

Estos son algunos de los aspectos más peligrosos del impacto medioambiental del uso masivo de las IA. Pero las IA están aquí y no se van a marchar: habrá que remangarse y diseñar estrategias que permitan mitigar estos problemas ecológicos, como el uso de energías renovables, el diseño de algoritmos más eficientes que requieren menos horas de entrenamiento, la optimización en los procesos de refrigeración...

Pero, sobre todo, lo que hace falta es conciencia y educación. Hay que sensibilizar a los desarrolladores, las empresas y el público en general sobre los impactos ecológicos de la IA y la importancia de hacer un uso sostenible de la misma. No hay planeta B. De momento.

Bulos y posverdad

Otra cuestión con la que hemos de lidiar es con el hecho de que con las IA se puede generar cualquier tipo de contenido falso. Vídeos, audios, fotos..., casi cualquier cosa que se nos ocurra ya se puede hacer. Si bien aún no es perfecto y tenemos un muy buen ojo para identificar cosas creadas por IA, la verdad es que cada vez es mucho más difícil saber si algo es real o no.

¿Qué mecanismos hemos de generar para controlar la desinformación? Esta es la gran pregunta que debemos responder si queremos preservar nuestra democracia, nuestro honor y nuestro derecho a no ser atacados por información falsa. Yo no tengo la respuesta, pero espero que se articulen protocolos para, sin limitar el derecho a la libertad de expresión, protegernos de las campañas organizadas de desinformación.

Los expertos contemplan que tarde o temprano, pero casi inevitablemente, las inteligencias artificiales desarrollarán otras inteligencias artificiales, de tal forma que las capacidades de estas crezcan de forma exponencial. En este supuesto, en vez de ver un avance detrás de otro, muy interesantes pero casi a cuentagotas, nos llegará una avalancha para la que tenemos que estar preparados.

Muchos dicen que no se discute si llegará la llamada singularidad tecnológica, sino cuánto tardará y cómo debemos prepararnos para ello. Ya en 2015 tuvo lugar un importante congreso en Puerto Rico, cuya temática principal fue exactamente esa: cómo prepararnos para el advenimiento de la singularidad tecnológica y cómo conseguir que las herramientas que desarrollen esos sistemas sobre los cuales habremos perdido el control nos sean beneficiosas.

Pero incluso antes, mucho antes, diversos autores ya habían planteado este problema. De ahí surgen las famosas leyes de la robótica de Isaac Asimov, leyes que son de 1942. La propuesta de Asimov es que todo robot o sistema suficientemente potente, como los que suponemos que nos van a llegar, tengan que tener implementadas dichas leyes, contra las que no puedan actuar. Estas leyes son:

- **Primera ley**: Un robot no hará daño a un ser humano, ni por inacción permitirá que un ser humano sufra daño.
- **Segunda ley**: Un robot debe cumplir las órdenes dadas por los seres humanos, a excepción de aquellas que entren en conflicto con la primera ley.
- **Tercera ley**: Un robot debe proteger su propia existencia en la medida en que esta protección no entre en conflicto con la primera o con la segunda ley.

Esta propuesta ha sido muy discutida y se han examinado hasta la saciedad sus implicaciones, posibles problemas, carencias, contradicciones. De hecho, el propio Asimov agregó una cuarta norma, o ley cero, ya que debía preceder a las demás:

- **Ley cero**: Un robot no puede dañar a la humanidad o, por inacción, permitir que la humanidad sufra daños.

¿Tú cómo lo ves?

Lo dejamos aquí.

Recuerda: los algoritmos no son ni malos ni buenos, son herramientas. Como una furgoneta no es ni buena ni mala, pues puede transportar ayuda humanitaria o sembrar de muerte y pánico una ciudad. No es la furgoneta, es la persona que la conduce.

Los algoritmos están a tu alrededor, por doquier. Juegas con ellos, te recomiendan series, eligen qué contenido mostrarte en las redes sociales, te ayudan en tu trabajo y en tu ocio y te hacen imágenes muy divertidas. Pero, como en casi todo, hay puntos oscuros que tendremos que ir iluminando poco a poco.

Nuestros antepasados salieron de África y conquistaron casi cada rincón del planeta. Desde entonces, la especie humana ha sobrevivido a muchas crisis mundiales y a muchos cambios sociales. ¿No vamos a ser nosotras entonces capaces de sobrevivir a la singularidad tecnológica, si es que llega?

Espero que a lo largo de este libro hayas disfrutado con los distintos algoritmos que hemos ido describiendo y que hayas aprendido alguna cosita que no sabías. Nada me haría más feliz que haberte arrancado alguna sonrisa durante este paseíto por el mundo de los algoritmos, porque esas sonrisas que se nos escapan a solas, en esa intimidad mágica que disfrutamos mientras leemos un libro, son pellizquitos de placer que no se pueden borrar. Algo que nunca podrán sentir las pobres IA.

Y, claro está, un capítulo que se llama «Con faldas y a lo loco» tenía que terminar con un «Nadie es perfecto».